SOMOS
O QUE
ESCUTAMOS

O impacto da **música** na
saúde individual e social.

PATRICIA CAICEDO
M.D., PH.D.

Somos o que escutamos
O impacto da música na saúde individual e social.

ISBN 978-1-7378920-2-1
Paperback
Novembro, 2021
MA00014

© Patricia Caicedo, 2021
© Mundo Arts Publications, 2021

Primeira edição, Novembro, 2021

Tradução
Lenine Santos

Desenho da capa
Sthephannie Vega
Patricia Caicedo

Direitos Reservados a todos os países
All right reserved worldwide to

Mundo Arts Publications
Patricia Caicedo

www.mundoarts.com

E-mail: info@mundoarts.com
Telefone USA: +1-678-608-3588
Telefone Espanha: +34-696-144-766
Barcelona - New York

SOMOS
O QUE
ESCUTAMOS

O impacto da **música** na
saúde individual e social.

PATRICIA **CAICEDO**
M.D., PH.D.

*Aos meus pais Jorge e Patricia
e ao meu irmão Juan Pablo*

ÍNDICE

Prólogo por Tess Knighton I

Prelúdio 1

Capítulos

1. Música e Medicina: história de uma relação 7
2. Música e cognição 23
3. O maravilhoso cérebro dos músicos 35
4. Prazer, emoção e música 47
5. Música, felicidade e o sentido da vida 59
6. Ritmo, movimento e saúde 67
7. Música na dor e na morte 79
8. A voz, o canto e os sons do corpo 93
9. Música e criatividade 107
10. Saúde global, pandemia e o exemplo das orquestras ... 117

Postlúdio

Livro de Exercícios 123

1. A Trilha Sonora da Sua Vida 124

Exercício autobiográfico

    A. A música da sua infância.
    B. A música da sua adolescência.
    C. Dez músicas que acompanharam os momentos mais importantes da sua vida.
    D. Música que te acompanhou na tristeza.
    E. Música que te acompanhou na alegria.
    F. Música que relaxa você.
    G. As músicas que você vai legar as seus filhos.
    H. A música que você gostaria no que fosse tocada no seu funeral.

2. Sua essência na música 131

Exercício de criação

    A. Escreva uma canção que expresse seus valores e sua visão da vida
    B. Escreva uma canção na qual você descreve a pessoa que quer vir a ser

3. Paisagens Sonoras 134

    A. Os Sons do seu cotidiano
    B. Os sons da sua cidade
    C. Os sons da natureza

Bibliografia 137

Sobre a autora 153

PRÓLOGO

Por Tess Knigthton, Ph.D.

Qual é a trilha sonora da sua vida? Que música faz você se arrepiar? Como pode uma canção, assim como a proverbial madeleine de Proust molhada em chá de tília, sem esforço e involuntariamente trazer centenas de recordações? Você já pensou em que tipo de música te atrai e porquê? Você se perde na música ou a escuta com um desejo consciente de entende--la? Ou ambos, dependendo das circunstâncias e do momento? Como é que a música parece ser capaz de expressar nossas emoções mais profundas sem a necessidade de palavras? Podemos saber realmente como funciona a magia da música? Essas são algumas das perguntas que nos propõe a cantora e musicóloga Patricia Caicedo em seu novo livro *Somos o Que Escutamos*.

A música tem significados para nós, argumenta a autora. Para cada um de nós como indivíduo e para todos nós como comunidade mundial. Esse significado é influenciado e mesmo condicionado pelo contexto social e cultural de todos os que participam do *musicar*, termo cunhado por Christopher Small para indicar que cada ato musical é experimentado por todos os presentes, sejam intérpretes ou ouvintes.

Mesmo quando parece ser exclusiva, quando não estamos familiarizados com ela, quando nos atrai mas nos incomoda ou quando se associa a um grupo social com o qual não nos identificamos, a música é essencialmente inclusiva. Se nós o permitirmos, a música pode transcender todas as barreiras. Neste e em muitos outros aspectos a música é maravilhosa em seus efeitos, em seu impacto na nossa vida diária, nos enchendo de assombro pelo seu poder, sua energia criativa, sua companhia inabalável desde antes de nascermos até depois da nossa morte pois, muitas vezes se nos darmos conta, escrevemos nossa autobiografia musical no curso da nossa experiência vivida.

O livro de Caicedo é uma maravilhosa introdução para pensarmos em como a música é parte de nossas vidas e no porquê, como ela afirma, nos faz bem. Durante minha infância na Inglaterra havia um dito popular que afirmava que *An apple a day keep the doctor away* —uma maçã por dia mantém o médico longe— e alguns pais, incluindo os meus, o tomavam literalmente, ao menos durante a época das maçãs. Como médica que era conhecida no hospital no qual trabalhava como 'a médica, cantora', Caicedo nos diz, ou melhor, canta, que 'Uma canção por dia mantém o médico longe', e este livro, uma combinação brilhante de medicina, conhecimento e experiência musical, explica de forma breve e essencial como funciona a música. Eu asseguro que este é um livro que vocês vão querer devorar de uma só vez (somos o que comemos!), porque está cheio de ideias a serem saboreadas rapidamente, e outras que vão demorar um pouco a ser digeridas.

A música, ela ensina, é um processo biológico, químico e psicológico: nossas respostas fisiológicas, racionais e emocionais estão indissoluvelmente unidas, e a ciência é capaz de detectar e traçar essas respostas com uma precisão cada vez maior e uma rapidez sem precedentes, graças aos avanços tecnológicos. A descoberta de que nossas células emitem som —elas cantam!— de que um rico coquetel químico nos atinge quando "musicamos", e de que como resposta ao som ambiente e organizado partes do nosso cérebro se ativam e se conectam com a memória, melhoram a sensação de conexão conosco e com os demais, certamente deve nos fazer pensar.

Como médica e intérprete, Caicedo explica estes complexos processos com claridade clínica, se baseando na sua própria experiência para elucidar o que significam na prática: como podemos escutar nosso corpo —pulso, frequência respiratória, senso de equilíbrio— escutando música, e como podemos alcançar através da música o bem estar emocional, nos permitindo entrar no fluxo da música e nos comprometendo com o agora da vida, emergindo capazes de enfrentar o futuro, de olhar para o passado sem ser seus escravos e aproveitar ao máximo o presente.

Deveríamos, então, pensar na música como uma panaceia para todos os males? Os estudos demonstram que "musicar" alivia a dor, reduz os sintomas indesejáveis da radioterapia, pode prolongar a vida ou ao menos mitigar o processo de envelhecimento, e ajuda a liberar a tensão emocional e a restaurar o equilíbrio mental, ainda que provavelmente não na mesma medida em todas as pessoas.

Faz algum tempo, a decisão de colocar música clássica em algumas estações de metrô de Paris para reduzir a delinquência foi acolhida com um animado debate. A medida pareceu ser muito efetiva, até que se fez evidente que o crime havia se transferido para outras estações nas quais não se escutava Bach e Beethoven. O experimento demonstrou que a música clássica tinha efeito positivo na mente criminosa, ou que os criminosos foram dissuadidos por seu sentido de gosto musical?

Desde a antiguidade até a atualidade, muitos autores têm descrito o impacto positivo da música. No seu livro, Caicedo cita muitas autoridades dos últimos três mil anos, de tradições ocidentais e orientais. A observação sobre como a música pode aliviar a tristeza e a dor pela morte de um ser querido, que amiúde conduz a uma sensação de catarse que gradualmente transforma a perda em memória e aceitação, ou como a música contagia emoções e desperta excitação numa multidão em um evento massivo num grande anfiteatro ou num estádio de futebol, não é nova, porém foi expressa de formas diferentes ao longo dos séculos. A escrita de Caicedo é refrescante, próxima e livre de jargões, consciente das sensibilidades atuais. O livro é reflexivo e fará você pensar, é afirmativo e se baseia na experiência real mais que num devaneio ou fantasia. O leitor se sente atraído por uma paisagem sonora compartilhada que está constantemente num estado de fluxo e refluxo no qual a música é constante e mutável.

Certamente Caicedo tem razão ao concluir que o papel da música nas nossas vidas se tornou mais importante em tempos de pandemia, inclusive depois de quase dois anos nos quais as atuações ao vivo se limitaram a *streamings*, *Zoom* e *podcasts*. A proibição de cantar em coros acabou com a alegria de participar da criação musical na companhia de outros, destruindo a sociabilidade. Cantar em um grupo é algo que muitos de nós já experimentamos e de que sentimos falta num mundo cheio de máscaras, distância e confinamento. Mas o que eu não sabia, antes de ler esse maravilhoso livro, é que cantar em um grupo estimula a produção de oxitocina, um hormônio que é liberado naturalmente durante o parto para estimular o vínculo entre mãe e filho. Provavelmente todos já sentimos que a música é um catalizador que pode unir elementos e transforma-los, porém agora parece que nosso sexto sentido se confirma biologicamente mediante uma reação química corporal. O fato de entender este mecanismo não precisa eliminar o mistério da criação musical. O filósofo e médico do século XV Marsilio Ficino (um dos muitos autores citados por Caicedo), evocou maravilhosamente este mistério —ou magia, como a chama Caicedo— descrevendo a música como a "decoração do silêncio", uma metáfora cada vez mais comovente numa época de contaminação acústica sem precedentes. Ficino e outros pensadores da época viram o papel do intérprete como alguém com a capacidade de canalizar uma atividade criativa superior: a performance era considerada, essencialmente, um ritual que podia criar as condições para a consciência contemplativa. Para eles, como para Caicedo, a energia gerada pela música pode ser coletada e direcionada pelo intérprete, que serve de condutor durante o desenvolvimento da atuação musical, num intercâmbio infinito de fluxos e refluxos com o ouvinte. É este diálogo intangível que pode conduzir ao calafrio do entendimento, do reconhecimento de tudo o que é beleza, tudo o que é positivo, tudo o que dá saúde e que nos arrepia.

Tess Knighton
ICREA
Instituição Catalã de Pesquisa e Estudos Avançados
Professora e Pesquisadora na
Universidade Autônoma de Barcelona

PRELÚDIO

Você certamente consegue identificar algumas das obras musicais que definiram os momentos mais importantes da sua vida, as canções que te acompanharam em momentos difíceis, que te ajudaram a expressar emoções que, de outra forma, não se mostrariam. Talvez tenha sentido uma alegria incontrolável depois de assistir a um concerto ao ar livre, ou uma paz interior ao escutar uma sinfonia, ou até vontade de chorar ao escutar uma canção de amor.

É que todos nós, de todos os tempos e culturas, experimentamos o poder do som e a vibração da música.

No *Kybalión*,[1] uma compilação de escritos provenientes do Egito Antigo, aparecem os sete princípios que regem o universo, e um deles diz: "nada está imóvel, tudo se move, tudo vibra".[2] Esta afirmação aparentemente simples foi validada pela física quântica, resultando na Teoria das Supercordas (*String Theory*), que explica o funcionamento do universo e de todos os seus objetos em termos de vibrações de finas cordas supersimétricas que se movem em dez dimensões do espaço-tempo e também na dimensão temporal.

O universo é uma sinfonia de objetos em constante vibração. A vida é vibração, som. Tal como foi demonstrado recentemente por Pelling, Gralla e Gimzewsky,[3] as células emitem sons. As células cantam, e o fazem de diferentes maneiras na saúde e na doença.

De acordo com meus pais, minha relação com a música começou no útero de minha mãe quando, adiantados para sua época, ouviam música com a esperança de que influísse positivamente no meu desenvolvimento cerebral. Aos cinco anos de idade iniciei meus estudos no conservatório, mergulhando no universo dos sons e encontrando na música a minha companheira mais fiel, meu refúgio em tempos difíceis e minha ferramenta terapêutica, e catártica.

Assim como para você, na minha vida a música desempenhou diversas funções, todas importantíssimas. Aos onze anos, quando comecei a cantar, a música facilitou a integração social que tanto me custava por ser uma criança extremamente tímida. O canto se transformou na minha maneira de expressar as emoções e facilitou minha integração no grupo da escola, o que dificilmente eu teria conseguido sem ela. Na adolescência ela foi a chave para a construção da minha identidade, um sinal de rebeldia, um veículo para valores e ideologias. Se olho para trás, a música esteve presente nos momentos mais importantes da minha vida, nas celebrações, no luto, nos amores e desamores.

A ciência entrou em cena quando dos meus 16 anos, ao iniciar os estudos na Escola Colombiana de Medicina. Me lembro que a primeira coisa que fiz ao chegar à faculdade foi procurar o coro da universidade. Novamente a música foi a chave que abriu todas as portas. Durante todo o meu curso participei do coro, no qual encontrei alguns dos meus melhores amigos. Quando iniciei a prática clínica, em cada hospital pelo qual passei apresentei concertos para os pacientes e médicos, arrecadando fundos para os diversos serviços hospitalares, até ficar conhecida como "a médica que canta".

Eu sempre soube, de forma intuitiva, que a música tinha efeito curativo, que os pacientes que a escutavam se sentiam melhor, que por alguns momentos suas dores eram aliviadas e que eles se sentiam mais contentes e relaxados, como também os médicos que se encontravam no ambiente hospitalar, tão exigente do ponto de vista psicológico.

No entanto foi alguns anos depois que pude comprovar por experiência própria o poder terapêutico da música, quando o estudo do canto e a disciplina associada a ele —que integra a respiração, a postura, a consciência corporal e o som — me curaram de um transtorno alimentar que carreguei durante muito tempo. Foi através da música que me recuperei, que aprendi a me escutar, até me dar conta de que minha saúde mental e física dependiam da prática musical, momento em que decidi me dedicar profissionalmente à música e dar um giro de 180 graus em minha vida.

Ainda que naquele momento eu acreditasse que estava abandonando a medicina, quando iniciei minha atividade como professora de canto me dei conta de que cada aula era um ato terapêutico, um ato médico no qual trabalhávamos tanto conflitos psicológicos quanto doenças físicas, e reaprendíamos formas de perceber e nos expressar através do corpo e das emoções, tudo mediado pelo som.

Pude então comprovar que o caminho para a saúde e o bem-estar consistia na composição consciente de uma obra musical harmônica, única para cada pessoa e para cada objeto do universo. Uma obra rítmica também, porque o universo, como também enunciavam os antigos egípcios, é ritmo.

Tudo no universo tem seu som e seu ritmo, incluindo o coração e até mesmo incluindo a *Covid 19*, que nestes dias em que escrevo assola o planeta. Enquanto escrevo estas linhas escuto a sua melodia, decodificada pelo professor Markus Buehler, do Instituto de Tecnologia de Massachusetts, que junto à sua equipe atribuiu a cada aminoácido —os tijolos da construção da proteína— uma única nota, sons que depois foram convertidos em música por um algoritmo. De acordo com Buehler, escutar a melodia oferece uma forma mais intuitiva de compreensão da proteína: "Eu precisaria de muitas imagens diferentes, muitas ampliações diferentes para ver o que o ouvido pode captar num par de segundos de música".[4]

Possivelmente este entendimento auditivo poderá resultar no futuro numa chave para compreender muitas patologias até hoje difíceis de entender e tratar. Através do som e da música podemos chegar mais rápida e diretamente ao interior das coisas que nos rodeiam e desvendar o universo que vibra desde o micro até o macro. Isso faz todo sentido pois é justamente através do som que experimentamos a vida pela primeira vez. Ao nascermos interagimos com os sons do ambiente, construímos laços emocionais através das vozes, dos cantos e dos sussurros.

Com certeza você agora está pensando em sua relação com a música, no papel que esta representou na sua vida e nas suas relações, na formação da sua identidade e em sua saúde, e talvez também se lembre de experiências musicais em grupo que tenham te marcado. É que a música, além de ser uma experiência individual dos sentidos, é também uma experiência comunitária com forte conteúdo simbólico, um espaço de representação de valores que define nossa identidade. Parte de sua beleza consiste em transcender o individual para nos irmanar em uma experiência compartilhada.

São tantas as formas em que se pode abordar o impacto da música a nível físico, psicológico e social, que decidi escrever este livro para tentar elucidar o papel da música e do som na experiência humana, a ancestral relação entre música, medicina e saúde, e as formas com que percebemos e processamos a música no nível cerebral.

Esta exploração reflete minha formação interdisciplinar na música, na medicina e nas ciências sociais, e por isso contém aspectos históricos, sociais, científicos e musicais.

À luz das últimas pesquisas neurocientíficas, tentarei elucidar os processos de cognição musical, entender como funciona o cérebro quando escutamos e fazemos música, e os muitos benefícios que ela tem para a saúde cerebral.

Descobriremos a antiga relação entre ritmo, movimento e saúde, os misteriosos mecanismos cerebrais que relacionam música, prazer e emoção, e as muitas maneiras com que a música melhora nossa qualidade de vida, induz o nosso bem-estar, felicidade e sensação de propósito, de sentido último para a vida.

A percepção do som e da música, uma das experiências humanas mais íntimas e pessoais, tão profunda quanto o próprio pensamento, que penetra as camadas mais profundas do ser, tem sido essencial para a construção de um indivíduo mais consciente de si mesmo e do seu entorno, um indivíduo com consciência ecológica global.

O caminho para a felicidade e para a saúde física, mental e emocional está cheio de sons e de música. Eu os convido a percorrê-lo e a começar a compreender as muitas formas com que a música e as artes podem transformá-lo em um ser mais feliz, criativo, saudável e consciente.

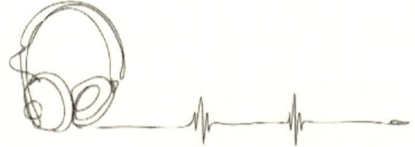

Capítulo 1

MÚSICA E MEDICINA
HISTÓRIA DE UMA RELAÇÃO

Protegidos no útero materno nós iniciamos a vida flutuando num espaço parecido com o mar, em constante movimento e vibração. Nos acompanham o bater rítmico do coração da nossa mãe e os múltiplos sons produzidos pelos seus órgãos. Ao chegar ao mundo, um grito é o primeiro sinal de independência, afirmando o *"eu sou"*. Gestação e nascimento são experiências sonoras, da mesma forma que foram para os primeiros hominídeos há centenas de milhares de anos. Desde então, som e música tem sido parte central da experiência humana, ferramentas de comunicação, de cura e, sobretudo, espaço de representação simbólica no qual se constroem e negociam identidades individuais e coletivas.

Por sua natureza efêmera, que faz com que só exista no momento mesmo da execução e que seja inapreensível, a música se associou, ao longo da história, com o mágico, com o espiritual, com as experiências sublimes do ser, que transcendem o ordinário e nos transportam para outros tempos, outros estados emocionais e de consciência.

Disciplinas tão diferentes quanto a antropologia, a filosofia e a arqueologia confirmam que a música pode ser anterior ao homem paleolítico. Seus usos tem sido tão variados quanto a própria cultura. Desde as origens da humanidade ela foi associada ao ritual, sendo também um veículo de ideologias e um marcador social.

Charles Darwin, em sua obra *A Expressão das Emoções no Homem e nos Animais*,[5] publicada em 1872, desenvolveu a hipótese de que a música foi necessária para a seleção sexual, sendo anterior à linguagem. Ao que parece, nossos antepassados neandertais se comunicavam através de gestos e vocalizações nas quais se alternavam variações de tom e tempo.[6]

É justamente a capacidade para diferenciar variações de ritmo, tom, timbre e volume na linguagem que nos permite distinguir as emoções e o contexto de uma conversação, presentes nos idiomas que conhecemos. Pelo visto, reconhecemos uma forma de comunicação primária, muito antiga, que reconhece os aspectos musicais da comunicação. Segundo Daniel Levitin, "os humanos descobriram a comunicação da linguagem falada e, logo, em algum momento, redescobriam a música".⁷

Como se comunicou e se expressou aquele humano primordial? Que mistérios ancestrais revelou aquela voz primitiva?

Foi precisamente a voz, este primeiro contato, laço de união, grito de guerra e dor, choro e expressão de júbilo, a que descobriu os sons da profundidade da alma humana.

Para o homem atual, a voz constitui o cordão umbilical que o conecta com o passado, uma manifestação de vida desde o primeiro grito, uma afirmação de presença no mundo. A voz, este som emitido pelo corpo e parte inseparável do corpo, através da oralidade se converte em cenário de representação. Desde a oralidade aprendemos a chamar e a experimentar a confiança de escutar. Aquilo que se faz som dá significado à capacidade de ouvir.

É exatamente o fato de que o som é parte do corpo – não apenas através da voz, mas por meio dos múltiplos sons produzidos pelos órgãos, numa grande sinfonia perfeitamente equilibrada e com uma mesma finalidade – o que torna impossível separar os conceitos de música-som e medicina-saúde.

O cirurgião francês René Leriche (1879-1955), definiu a saúde como "a vida no silêncio dos órgãos", sugerindo que quando a gozamos não somos conscientes da existência do corpo. Na saúde o corpo se encontraria em silêncio, não teria necessidade de olhar para si mesmo. De minha parte, acho que tanto saúde quanto enfermidade se expressam através do som.

As variações de harmonia, a frequência e o ritmo dos sons é que definirão a diferença entre saúde e doença.

No ano de 2002, os professores James Gimzewski e Andrew Pelling, da Universidade da Califórnia, inauguraram o campo de estudos da sonocitologia,[8] ao descobrir, através da bionanotecnologia,[9] que as células emitem frequências sonoras à medida que vibram entre si: as células cantam. Esta assombrosa descoberta demonstra que a vida é vibração e ritmo, e que o som é parte integral do corpo e da experiência humana e, de alguma forma, explica a antiga relação entre música e medicina, duas disciplinas relacionadas desde suas origens com o sobrenatural, o espiritual e o mágico.

Há numerosas evidências do uso da música e do som em rituais mágicos e religiosos nos quais os xamãs, primeiros intermediários entre os deuses e os homens, conhecedores de plantas, intérpretes de sonhos, médicos e místicos, a utilizaram para curar e para chegar a estados alterados de consciência. A figura paleolítica do "Dançarino Mascarado", conhecido também como o "pequeno feiticeiro com arco musical", encontrada nas caverna *Les Trois Frères*, mostra um indivíduo em posição vertical, vestido com pele e cabeça de bisão, celebrando algum tipo de ritual de dança, acompanhado por um objeto que poderia ser interpretado como um instrumento de sopro ou como um pequeno arco musical, semelhante aos que atualmente são usados por algumas tribos africanas.[10]

Desde a Sibéria até o Amazonas, passando pelas tribos

norte-americanas e asiáticas, o xamã cumpriu funções relevantes dentro da comunidade, como guia espiritual, social e também como curandeiro, sendo o homem-medicina, como é chamado em algumas tribos indígenas.[11] O papel do xamã – desempenhado em muitas culturas por mulheres que, se acreditava, possuíam o poder de contatar outras realidades – esteve sempre vinculado com a música e a dança, elementos indispensáveis para alcançar estados alterados de consciência.

Praticamente todos os sistemas de pensamento e tradições espirituais têm utilizado algum tipo de expressão musical para adorar, invocar ou pedir o favor de suas deidades. Assim, mesmo, diversas teorias científicas, religiosas e filosóficas antigas e modernas atribuem a estrutura e existência do universo à música. Na cultura ocidental usualmente nos remetemos ao *Novo Testamento*, quando São João diz: "No princípio era o Verbo, e o Verbo estava com Deus, e o Verbo era Deus". No entanto, muito antes, por volta de 2000 a.C, na língua babilônica antiga, os antigos assírios consignaram no *Código de Hammurabi* o uso da música com fins terapêuticos num dos documentos mais importantes da história da medicina, no qual era regulada a prática médica com grande detalhe.[12]

Mais tarde, entre os séculos V e IV a.C, os gregos antigos outorgaram grande importância à música, considerando-a parte integral da medicina. Platão afirmou, em *A República*, que "A música é soberana porque o ritmo e a harmonia encontram seu caminho até a alma mais íntima e se apoderam dela com força, comunicando-lhe graça". Também Aristóteles estudou os efeitos da música, centrando-se em suas propriedades catárticas. Segundo ele, a música ajuda a "superar sentimentos como a piedade, o medo ou o entusiasmo", e a música permite "curar e purificar a alma".[13] Ambos filósofos acreditavam na capacidade curativa da música.

Para os pitagóricos música e matemática estavam intimamente ligadas. A música, feita de intervalos que representam relações numéricas, possuía os mesmos atributos morais de intervalos que os números. Sua rotina diária incluía interpretar música pela manhã para se preparar para o dia, e à noite para clarear a mente e se preparar para o sono.[14] Os pitagóricos também asseguraram que a música audível na terra refletia a música das esferas.[15]

Em seu livro *Vida de Pitágoras,* Porfirio relata:

> De fato, desde a aurora ocupava seu tempo conversando no umbral de sua casa, acomodando sua voz à da lira e cantando alguns poemas antigos de Teletas. Entoava também os versos de Homero e Hesíodo que, ele acreditava, suavizava a alma. E praticava certas danças que acreditava que proporcionavam ao corpo agilidade e saúde. Apreciava extraordinariamente seus amigos, e foi o primeiro a declarar que os assuntos dos amigos eram também seus, e que um amigo era a réplica da pessoa mesma. E se estavam saudáveis, passava tempo com eles, mas se encontrava doentes cuidava deles, e se suas lesões eram psíquicas lhes dava ânimo com conjurações e encantamentos,

e a outros com música. Também tinha, para as enfermidades somáticas, cânticos guerreiros, e ao entoá-los restabelecia os enfermos. Outras havia que provocavam o esquecimento das dores, acalmavam os arrebatamentos de cólera e eliminávamos desejos absurdos.[16]

Entre os séculos IX e XI, era de ouro da medicina árabe, o famoso médico Ibn Sina (980-1037), autor da obra *Cânone da Medicina*, traduzida para o latim e considerada uma referência durante séculos pelos médicos ocidentais, tem uma menção especial para o uso da música como terapia. Durante o Califado de Córdoba se receitava aos doentes mentais escutar diariamente belas vozes e canções,[17] e os Sufis afirmavam que todas as ações do universo, as visíveis e as invisíveis, são musicais. Somos música. Nossos corpos vibram refletindo a sinfonia do universo.[18]

Enquanto a medicina e as artes floresciam no mundo árabe, na Europa, durante a Idade Média, a música era uma arte anônima e coletiva, como também a doença o era. As pessoas sofriam coletivamente o terror, a dor e a morte por epidemias sucessivas de causa desconhecida.

Quando surgiu a *Peste Negra,* um dos acontecimentos mais traumáticos da história europeia, música e medicina se associaram de forma inesperada: hordas de homens, mulheres e crianças viajavam por cidades e campos dançando freneticamente. Quando numa cidade aparecia a doença, não era o médico, mas o músico a quem se pedia ajuda, na crença de que somente a dança a faria desaparecer. Os flagelantes, grupos de cantores, entoavam em grupo as *Geisslerlieder*,[19] cantos implorando a ajuda divina e pedindo perdão pelos pecados. A música se erigia como o caminho direto para Deus, a ferramenta para a cura.

O famoso *Decameron* é um testemunho desta relação entre música e medicina à época, tendo sido escrito pouco depois da Peste Bubônica que assolou Florença em 1398. Nele Bocaccio construiu uma história cujo fio condutor são dez canções escritas durante o confinamento. Com uma clara função curativa, cada um dos cantos era entoado em grupo, como fórmula de proteção frente ao avanço iminente da peste.

Era concedido tanto poder curativo à música que a lei obrigava a quem aspirava ser médico estudar música, por considerá-la essencial para a manutenção do bem-estar dos pacientes. Acreditava-se que curar a psique através da música curava também o corpo, e inclusive se recomendava melodias específicas para diversas doenças. O remédio para gota, por exemplo, consistia em escutar alternadamente o som da flauta e o da harpa. Obviamente estes remédios estavam ao alcance de alguns poucos privilegiados.

A teoria médica e a musical se associaram aos quatro humores hipocráticos – sanguíneo, fleumático, biliar amarelo e biliar negro – e aos quatro elementos do cosmo —ar, água, terra e fogo— admitindo que tanto a boa saúde quanto a boa música dependia do perfeito equilíbrio entre estes elementos. O prazer da música era receitado clinicamente como remédio para a ira, a tristeza e a preocupação.

Na Itália, Marsilio Ficino (1433-1499), médico músico, astrólogo, sacerdote e um dos tradutores mais prolíficos de Platão na idade moderna, escreveu em seu *De Vita* (livro da vida), que a música encarna a perfeição e a harmonia e induz a sensação de calma em ouvintes e intérpretes.[20] Ficino traduziu também os Cantos de Orfeu para o latim, revelando o poder da música sobre a natureza.[21] Segundo ele, se a música é interpretada com regularidade, o espírito adota as características da música escutada. Ele equiparava a música à alma, ao intangível e ao celestial. Como muitos pensadores renascentistas, considerava a doença o resultado do desequilíbrio dos quatro humores, em conexão direta com a natureza, tanto que quando tratava um paciente, relacionava sua natureza única com a música dos planetas:

> A música se impregna do poder divino, de modo que quando se escolhem tons específicos, estes refletem o modelo dos céus e dos sete planetas. Os planetas têm vozes ou sons. Os sons de Saturno são lentos, profundos, ásperos e queixosos; os de Marte são rápidos, agudos, ferozes e ameaçadores; Júpiter tem harmonias profundas e intensas, doces e alegres em sua constância; a música de Vênus é voluptuosa com selvageria e suavidade; a de Apolo se caracteriza pela graça, reverência e simplicidade; a de Mercúrio pelo seu vigor e alegria.

O veneziano Gioseffo Zarlino (1517-1590), um dos grandes teóricos da música do renascimento, escreveu *Istitutioni Harmoniche,* obra monumental na qual se reflete a visão da época sobre a relação entre música e medicina[16]. No seu primeiro livro, intitulado *Das louvações à música*, afirma:

"absolutamente nada pode ser encontrado em que a música não tenha a maior conveniência". Para Zarlino, conhecer música é indispensável para o médico:

> Se o médico não entende a música, como vai saber misturar corretamente as proporções entre coisas frias e quentes? Como vai entender a pulsação de seus pacientes baseando-se nas proporções musicais, tal como o sábio Herófilo recomendou.[23]

A partir de 1550, e até inícios do século XVII, se investiram grandes esforços para elucidar a relação entre a música e as emoções. Foi na *Doutrina das emoções*[24] que se plasmaram as primeiras tentativas de conectar a razão empírica com a música, conectando ciência e música para explicar diversos estados emocionais como a cólera, o desejo, a admiração, o amor, o vigor e a alegria, sentimentos que, na opinião dos teóricos da época, eram opostos à tristeza, à suavidade e à doçura. Esta doutrina teve grande influência na música barroca, refletindo-se em obras de compositores como Johann Sebastian Bach e Georg Friedrich Händel.[19] É muito significativo que durante o século XVII as artes curativas foram representadas por Apolo, deus da música e da medicina.

Grandes figuras da época colocaram o tema no centro de suas investigações. Em 1618, um jovem René Descartes (1596-1650) publicou o *Compendium musicae*, no qual explica o prazer da música utilizando a matemática, no que chamou de "a geometria dos sentidos". Nele o filósofo afirma que a música proporciona prazer e desperta emoções, outorgando um papel preponderante aos órgãos sensoriais.[26]

Em 1649, em *Les Passions de l'âme*, ele descreveu as seis paixões em termos de seus efeitos na mente e sua relação com os movimentos e estados de espírito do sangue.

Em 1650 o jesuíta, matemático e filósofo alemão Athanasius Kircher (1601-1680) escreveu *Musurgia Universalis*, obra que influenciou compositores tão importantes quanto Händel e Bach.[27] Nela ele explora a existência de diferentes estilos musicais e afirma que as características emocionais e fisiológicas de um indivíduo determinam suas preferencias musicais a tal ponto que se pode tratar uma pessoa com diferentes tipos de música, para induzir outros estados fisiológicos e emocionais. Ou seja, segundo Kircher, o corpo e a alma adotam o espírito da música.[28]

Até o século XVII os estudos sobre a relação entre música e saúde se restringiam às elites intelectuais, e ainda que se utilizasse a música como terapia para muitas doenças, não se sabia como ela atuava. Os efeitos fisiológicos da música na saúde continuavam sendo um mistério.[29] Afora o fato de que a música era um fenômeno de espaços privados a que poucas pessoas tinham acesso em ocasiões especiais.[30]

Foi no século XVIII, quando do Iluminismo, que os escritos sobre música e saúde se fizeram cada vez mais científicos e focados em entender os efeitos fisiológicos da música, incluindo as mudanças que produzia na pressão arterial, na respiração e na digestão.[31] Como exemplos temos o trabalho de Richard Browne, *Medicina música: um ensaio mecânico sobre o canto, a música e as danças e seus usos e abusos* (1727),[32] e o de Richard Brocklesby, Reflexões sobre música antiga e moderna, com aplicação na cura de doenças (1749).[33]

Browne inicia seu livro declarando:

O canto é o inimigo dos pensamentos melancólico que continuamente tentamos suprimir, e portanto o canto é promotor da alegria. O canto proporciona serenidade mental, além de ser benéfico para a digestão, devido ao uso dos músculos abdominais e do diafragma. Cantar proporciona elasticidade muscular e desperta a mente e o corpo.

Posteriormente, no século XIX, o físico e médico alemão Hermann von Helmholtz inaugurou o campo da fisiologia da acústica. Considerado um dos precursores da psicologia experimental, inventou o Ressonador de Helmholtz, um aparelho para analisar as combinações de tons que geram sons naturais complexos. Suas pesquisas sobre os efeitos emocionais das harmonias na psique fomentaram a aplicação da música na área clínica, e abriram numerosos estudos nos campos da percepção e da musicologia.

Também no século XIX foi registrada a primeira intervenção de musicoterapia num ambiente institucional, na Ilha de Blackwell em Nova Iorque, e também o primeiro experimento sistemático de musicoterapia, no qual utilizou a música para alterar os estados do sono durante sessões de psicoterapia.[34]

No campo da cirurgia foi o Dr. Evans O'Neill Kane um dos primeiros a utilizar a música em ambientes cirúrgicos, publicando em 1914 um informativo sobre a utilização do fonógrafo na sala de operação.[35] No ano seguinte, o Dr. W. P. Burdick publicou uma descrição mais detalhada do experimento no Anuário Americano de Anestesia e Analgesia: "descobri que os pacientes que escutavam música toleravam melhor a indução anestésica e se beneficiavam da redução da ansiedade antes de sofrer os 'horrores da cirurgia".[36]

Quatro décadas mais tarde foi demonstrado o efeito da analgesia auditiva ao se observar uma diminuição da necessidade de analgésicos em pacientes submetidos a procedimentos dentários dolorosos, tanto quando estavam expostos a um estímulo auditivo forte quanto à uma música de fundo. Pesquisas posteriores sugeriram que a exposição à música reduz a variabilidade hemodinâmica, a dor pós-operatória, a quantidade de medicação sedativa e analgésica necessária e o tempo de recuperação.[37] Também diminui os níveis de dehidroepiandrosterona, epinefrina e interleuctina-6, de várias outras substâncias associadas com o estresse, e aumenta significativamente as concentrações plasmáticas do hormônio do crescimento com seu consequente impacto na imunidade.

Os séculos XX e XXI abriram novos campos de estudo que combinam música e medicina, revelando pouco a pouco os efeitos da música, a forma com que a processamos no cérebro e sua relação com a saúde. Lentamente respondemos às perguntas que se faziam os antigos e entendemos os complexos mecanismos que fazem parte da percepção musical, não apenas do ponto de vista fisiológico mas também cultural, porque ainda que percebamos a música através do corpo, ela é inseparável de seu entorno cultural. A música está carregada de conteúdos simbólicos, e reflete os valores sociais e culturais do contexto em que é produzida.

Ainda que em todas as culturas do mundo a música tenha um papel social central e poderes curativos inquestionáveis, algumas pessoas acreditam equivocadamente que a única música com efeitos terapêuticos é a música clássica centro-europeia. Recordemos o famoso *Efeito Mozart*, que levou milhões de pessoas a acreditar que escutar a música de Mozart, e somente esta, aumentava a inteligência de seus filhos. Nada mais distante da verdade. Esta crença se perpetuou devido ao fato de que o iluminismo racionalista, que pôs a Europa no centro da história e que impregna toda a academia e a ciência, legitima apenas as músicas provenientes do eixo europeu ocidental e, portanto, a maioria das investigações sobre os efeitos da música na saúde se realizam utilizando estas músicas.

É verdade que escutar a música de Mozart impacta positivamente nossa saúde, mas felizmente ela não é a única que o faz. O efeito que a música tem sobre nós está ligado à cultura na qual crescemos e às experiências e associações que temos com ela. As muitas e diferentes músicas do mundo têm efeitos positivos na saúde no nível físico e no emocional.

Outro aspecto maravilhoso da música é que, além de ser

uma experiência individual do aparato perceptivo, é também uma experiência coletiva de comunicação, que nos integra a um grupo, que nos relaciona com este. Isso torna possível que todos nós, independente do contexto em que nascemos, identifiquemos canções que marcaram diferentes períodos de nossa vida, que foram, por assim dizer, a trilha sonora das diferentes etapas de nossa existência. A música então se converte num marcador social, e se associa com as emoções, com a memória e sobretudo com nossa identidade.

Nos questionamos: por que algumas canções nos fazem chorar, algumas reavivam o sentimento pátrio e outras nos transportam ao passado? Por que algumas nós queremos cantar, enquanto ignoramos as outras? Por que as mesmas canções mudam de função e significado com o tempo, como se tivessem vida própria e escrevessem sua própria biografia?

'Diga-me o que escutas e lhe direi quem és', seria o *slogan* apropriado. A música que escutamos nos identifica e afilia a um conjunto de valores, a uma classe, a um lugar, a uma geração, a um estado ânimo, a um desejo ou uma aspiração. Fala de nossa história convertendo-se em cimento da memória.

Parece incrível que uma coisa abstrata como a música seja uma parte tão importante da experiência humana. Sua onipresença e intangibilidade fazem com que paremos para refletir sobre sua importância, sobre o papel central que tem em nossa vida, no que ela tem de decisivo para nosso equilíbrio físico e emocional.

Nos próximos capítulos tentaremos conhecer as formas como o cérebro processa a música, seus diversos usos terapêuticos no século XXI e as maneiras que podemos integrá-la conscientemente em nosso cotidiano para alcançar uma vida saudável e equilibrada.

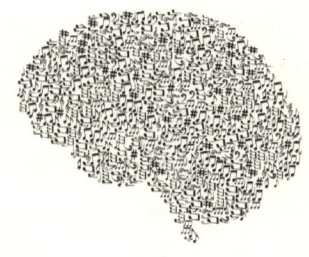

Capítulo 2

MÚSICA E COGNIÇÃO

Todos nós já experimentamos a emoção de escutar uma canção que nos lembra um momento especial da vida, uma etapa, um amor ou uma separação. Sabemos de forma intuitiva que quando escutamos música nosso cérebro está fazendo algo muito mais complexo que apenas escutar e processor um som.

Diversas tradições culturais do mundo reconhecem que o som não está simplesmente relacionado à percepção auditiva. Por exemplo os Tuvan – os "cantores de garganta" do sul da Sibéria – desenham paisagens sonoras utilizando seus sons e gestos vocais,[38,39] e a comunidade Yoreme do México, pinta seus esboços sonantes para transformar sua percepção espacial por meio de progressões musicais específicas.[40]

Do ponto de vista neurológico, numerosos estudos tem evidenciado que o som afeta as regiões fronto-temporo-parietais do cérebro, o que determina um processamento multimodal do som.[41] Isso significa que ao perceber um som nosso cérebro ativa ao mesmo tempo muitos processos, interconectando várias regiões cerebrais. Estas conexões permitem, por exemplo, que pacientes com Alzheimer, que perderam a habilidade de reconhecer os seus seres mais próximos, reconheçam ou executem melodias muito complexas,[42] permite que uma canção nos impulsione a dançar, ou que na letra de uma canção possamos decifrar metáforas poéticas que induzam e afetem nossas emoções.

Na realidade nossa percepção do mundo depende da nossa habilidade de estabelecer conexões cruzadas multimodais entre nossos sentidos.[43]

Para entender estes processos, muitos pesquisadores estudaram a sinestesia, condição que permite que alguns indivíduos percebam estímulos sensoriais através de dois ou mais sentidos ao mesmo tempo. Originada do grego *syn* — que significa "com"— e *aisthesis* —que significa "sentido" — a sinestesia está presente em aproximadamente 1 em cada 200 indivíduos dos Estados Unidos da América[44] que possuem uma hiper-conectividade neurobiológica que lhes permite perceber estímulos simultâneos de forma involuntária, como por exemplo perceber cores nos sons ou escutar sabores, entre outras combinações.[45]

É famoso o caso do compositor russo Alexander Scriabin

(1872-1915), que conseguia enxergar as cores da música, e propôs a criação de uma *Omni-art*, uma síntese de música, filosofia e religião com uma linguagem estética que unificaria a música, a imagem, o olfato, o teatro, a poesia e a dança. Com isso ele procurava conduzir a mente humana até uma realidade mais alta e complexa, até o êxtase. Seu interesse na relação entre o som e a cor o levou a compor *Le Poème de L'extase* y *Prométhée* – também chamado *Le Poéme du Feu, Opus 60* – obra na qual misturava os dois elementos. Estava tão convencido de que a experiência da cor intensificaria a experiência auditiva que declarou que o público absorveria seu Prométhée de forma mais completa se se banhasse com a cor correspondente à da música.[46]

Ainda que apenas uma pequena porcentagem da população mundial seja sinestésica, em 1929 Kölner demonstrou, com seu famoso experimento *Kiki-Boulba*, que mais de 90% dos indivíduos estudados relacionavam a palavra *Kiki* com uma forma pontuda, e a palavra *Boulba* com uma forma arredondada. Talvez você relacione os sons agudos com o frio ou com sabores ácidos, ou os sons graves com cores escuras, quentes ou arredondadas. Cada pessoa tem associações diferentes entre música, cores, texturas e sabores, o que demonstra que uma grande parte da população em geral apresenta traços sinestésicos e, por isso, fica clara sua percepção multimodal, embora esta não se expresse da forma extremada, como acontece com os sinestésicos. Esta hipótese é utilizada para estudar os diferentes graus de conectividade cerebral ao se escutar um som, e assim fundamentar as relações entre música, movimento e emoção.[48]

Como escutamos?

Entender como escutamos é o primeiro passo para compreender a percepção do som. Um som é basicamente a impressão produzida no ouvido por um conjunto de vibrações propagadas num meio elástico, como o ar ou a água. O som se propaga de uma partícula a outra. Quando o som alcança o ouvido, a exemplo de uma palavra ou uma canção, é inicialmente captado pelo nosso sistema auditivo de forma básica, elementar. O ouvido humano pode captar sons entre os 20 Hz e os 20 KHz, sendo que os ainda mais sensíveis percebem as vibrações altas entre os 2 kHz e os 5 kHz. Têm-se notado que estes limites superiores diminuem com a idade.

O sistema auditivo é maravilhoso, capaz de detectar minúsculas variações de pressão. O ouvido se divide em ouvido externo, médio e interno. As ondas sonoras viajam do ouvido externo ao pelo conduto auditivo, fazendo com que o tímpano vibre. Isto faz com que três ossinhos do ouvido médio, conhecidos como martelo, bigorna e estribo, se movam. Estas vibrações passam através de uma janela oval para o fluido da cóclea, no ouvido interno, estimulando milhares de pequenas células ciliadas. As vibrações então se transformam em impulsos elétricos que o cérebro percebe como som. Se algum dos componentes perde sua capacidade de se mover, seja por resultado de uma infecção, de uma cicatriz ou de uma doença, isso terá um impacto negativo na capacidade auditiva. Apesar de ser um órgão muito sensível, felizmente o ouvido tem mecanismos de proteção contra sons muito intensos ou frequências muito agudas.

A percepção do som, no entanto, é muito mais complexa que a mera transmissão de ondas através do aparato auditivo, sendo este apenas o início de um processo complexo.

Ao escutarmos música, se ativam no cérebro diversas áreas, no que chamamos percepção multimodal, ou seja, se ativam processos, áreas e redes que fazem com que não nos limitemos apenas a escutar sons. A percepção do som se vincula à emoção, à memória e às imagens. Estudar a percepção do som e da música implica, portanto, estudar os mecanismos de cognição cerebral.

O que é e como se estuda a cognição?

A cognição humana é uma característica sem a qual não podemos sobreviver. Ela foi definida de diversas formas, desde os processos do pensamento em geral e da capacidade intelectual que implica em memória, atenção e aprendizagem, até a aquisição de conhecimento do meio ambiente e dos sistemas sensoriais. Também envolve o processamento e aquisição de idiomas.

Mesmo que exista uma superposição sobre as regiões do cérebro envolvidas na execução das diferentes funções cognitivas, há também uma certa especificidade, dependendo da capacidade cognitiva a que estejamos nos referindo.

A zona do cérebro que habitualmente se associa a

processos de cognição complexos como a memória episódica, a raciocínio e as habilidades espaciais[49] é o córtex pré-frontal.[50]

O controle da atenção, por sua vez, é atribuída à circunvolução do cingulado anterior, dentro do lobo frontal,[51] mesmo que, por ser necessária para a realização de outras tarefas cognitivas de maneira efetiva, se localize em múltiplas regiões do cérebro.[52] A atenção pode ser definida de várias formas, já que implica um sistema de funções que integram a nossa capacidade de nos centrar em uma tarefa e ao mesmo tempo filtrar os estímulos desnecessários para a incumbência em questão. Envolve simultaneamente diferentes regiões do cérebro[53] porque vincula diversos processos cognitivos, perceptivos e ações motoras.[54,55]

A memória se distribui pelas regiões pré-frontal e temporal do cérebro, e em particular no hipocampo.[56] Esses processos são levados a termo pelo sistema límbico, encarregado também dos processos de aprendizagem junto ao tálamo e ao cerebelo, estrutura está associada com a aquisição de movimentos complexos necessários para tocar instrumentos musicais.[57]

Os processos cognitivos que exigem atenção, memória e aprendizagem são possíveis graças aos estímulos adquiridos por meio dos sentidos do nosso sistema perceptivo, que incluem o tato, o paladar, a visão e a audição. De fato, com frequência se define a cognição como a aprendizagem que elaboramos graças à informação obtida no meio ambiente pelos nossos sentidos.

Até há relativamente pouco tempo os estudos da cognição eram dominados por dois paradigmas: o cognitivista e o adaptacionista. Estes modelos buscam explicar de que forma funciona o cérebro, como se realizam as operações mentais e que mecanismos evolutivos contribuíram para o desenvolvimento destas capacidades cerebrais. Tais formas de entender e estudar o cérebro influenciaram o modo como estudamos a percepção e a cognição da música.

Precisamos remontar à década de 1940 para encontrar os primórdios da ciência cognitiva tal como a entendemos hoje. No auge do movimento da cibernética, os pesquisadores do cérebro introduziram a ideia de que os processos mentais se assemelham ao funcionamento dos computadores[58]. A influência deste modelo no estudo da cognição promoveu uma visão descorporalizada da cognição e da experiência musical. Sob este paradigma a cognição da música era estudada apenas como análise de símbolos, conceitos e representações, ignorando todo o papel das emoções e das percepções corporais.

Em contraste, a concepção cognitivista da mente promove a visão de uma mente organizada em módulos que se adaptam gradualmente à medida que evoluem.[59] Como resultado, a complexidade do pensamento humano é analisada em termos de evolução de módulos de cognição que se adaptam por seleção natural, com o fim de contribuir para a sobrevivência do indivíduo.[60]

Vários autores questionam o modelo cognitivista-adaptacionista por considerar que não leva em conta fatores epigenéticos ou ambientais, ou seja, ignora em parte a influência do ecossistema e, ao fazê-lo, estabelece uma divisão entre mente, corpo e meio-ambiente.[61]

Recentemente se desenvolveu um paradigma que entende a cognição como um processo permanente de intercâmbio e diálogo entre corpo e meio-ambiente, no qual a percepção multimodal, a atividade sensorial-motora, as emoções e os processos metabólicos estão em contínuo movimento.[62,63]

Para os neurocientistas é de grande interesse estudar a percepção e o processamento da música, já que eles requerem a ativação de múltiplas áreas do cérebro simultaneamente. Quando aprendemos a tocar um instrumento musical, por exemplo, realizamos ao mesmo tempo múltiplas ações motoras e sensoriais muito exigentes a nível cognitivo.[64,65]

Imaginemos um estudante de piano ou violão, que pressiona as teclas ou dedilha as cordas à medida em que lê a partitura. Esta ação, que parece tão simples, o cérebro a percebe através das da visão das notas da partitura e as traduz em movimentos, que são simultaneamente corrigidos enquanto o ouvido capta os sons produzidos. O ato de tocar um instrumento requer funções de altíssima especificidade que se estendem a diversas regiões cerebrais. Quanto mais complexa é a música, mais atenção é necessária. Além disso, a experiência musical inclui diversos elementos como o ritmo, o pulso e a afinação. No entanto, quando falamos de cognição da música não somente nos referimos aos processos que ocorrem enquanto se toca um instrumento, posto que o ato de escutar música simplesmente, sem tocá-la, também estimula várias zonas cerebrais e depende de processos complexos. Podemos nos relacionar com a música de forma ativa ou passiva.

Sem dúvida a experiência da escuta musical é muito mais que a mera aquisição e processamento de estímulos auditivos. Percebemos a música e a dotamos de sentido de acordo com o contexto social, biológico, cultural e histórico em que vivemos. A música tem significado para nós segundo o contexto, porém ao mesmo tempo ela dá significado ao contexto. Ou seja, não se pode entender a música como algo externo à parte de nós mesmos. Para existir como tal, ela tem que ser parte integral do nosso ambiente social, psicológico, histórico e cultural. Por esta razão Small argumenta que a música não deveria ser usada como substantivo, e sim como verbo, e propõe o termo *musicking*, ou seja: musicando.

> Musicar é participar de qualquer maneira de uma execução musical, seja tocando, cantando, escutando, ensaiando ou estudando, proporcionando material para a interpretação – o que chamamos de 'compôr' – ou dançando. Poderíamos até estender seu significado às pessoas que recebem as entradas à porta do teatro, aos homens que empurram o piano, aos que montam a bateria ou outros instrumentos, aos que realizam os testes de som ou os que fazem a limpeza depois que todos se foram. Todos eles estão contribuindo com a natureza do evento que é uma apresentação. musical.[66]

Vista assim, a natureza da música não recai em objetos externos a nós mesmos. A música não são os instrumentos ou os objetos que a produzem e não são as pessoas que a interpretam. Na realidade a música é uma ação, algo de que participamos, seja escutando, tocando, dançando, estudando e tantas outras possibilidades.[67] *Musicar* é uma ação que se realiza, se vive e se experimenta através de um corpo em permanente relação e diálogo com seu meio-ambiente.

Esta visão do ato musical necessariamente nos afasta do modelo cognitivista que reduz a música a um conceito, um símbolo ou processo mental para nos acercarmos de um modelo que precisa do corpo: a música é vivida através do corpo —se corporiza—. Ao fazê-lo, ela se insere no meio-ambiente social, histórico e cultural. Assim, quando musicamos, o fazemos a partir de um lugar na sociedade, na história, e a partir de um gênero, idade, cultura e nível educacional. Só podemos musicar a partir de um corpo em permanente conversação com o seu meio ambiente, em contínua troca e adaptação biológica. O corpo se converte em um território de expressão cultural, moldado pelo ambiente e pela cultura.

Quem sabe você se surpreenda ao saber que em muitas culturas não existe o conceito de música como tal como a conhecemos no ocidente, um evento puramente sonoro. Em muitos lugares o que chamamos de música é parte integrante e inseparável de práticas culturais que incluem a dança, as artes cênicas e até mesmo a pintura. Por exemplo, os Patuas do leste de Bengala, na Índia, uma casta nómade de pintores de pergaminhos enrolados, cantam as cenas que pintam, ou seja, a pintura e a música são indissociáveis.[68] Em muitas outras culturas a música e a dança são uma coisa só, que tem sentido porque as duas têm em comum o movimento. Quando o movimento do corpo produz som é produzida música, e quando o movimento se expressa puramente como forma ele é dança.

Se refletirmos, sempre que fazemos música estamos a nos mover, não apenas para produzir o som, movendo os dedos para tocar um instrumento, mas também trazemos o ritmo no corpo, dançando. Você pode imaginar um cantor de salsa, bossa-nova, de ópera ou de rock cantando sem se mover? Ou um intérprete de jazz tocando seu instrumento imóvel como uma estátua? É impossível imaginar porque a música implicitamente leva ao movimento.

É fácil entender que a percepção da música é muito mais complexa que o processamento de um som numa determinada área do cérebro. Pelo contrário, o som é o estímulo inicial que dá origem a um conjunto de processos em múltiplas áreas do cérebro. Ao receber o estímulo inicial se iniciam conexões em muitos níveis que impactam âmbitos como a emoção, a capacidade motora, a memória, o afeto e um sem fim de reações metabólicas que acontecem no corpo.

O estudo da música confirma que não existe tal coisa como a divisão mente e corpo, e tampouco existe o pensamento como abstração, como um mero processamento de símbolos no nível neuronal. A cognição se inicia no corpo, um corpo inseparável do meio-ambiente que o estimula, um corpo que é também um corpo cultural.

Segundo esta visão, os processos cognitivos não acontecem exclusivamente no cérebro, ao contrário, passam através do corpo sem limitar-se a ele.

O meio que me rodeia, o que eu toco, vejo, escuto, os objetos e dispositivos que utilizo, também fazem parte da minha cognição, que é estendida e inserida neste meio.

Esta visão ecológica da cognição é hoje em dia chamada de cognição *4E*, e assim se chama porque se refere a 4 conceitos que em inglês começam com a letra E: Embodied (corporalizada), Extended (estendida),[69] Enacted (representada) e Embedded (incrustada).[70]

A evolução do estudo da cognição na música, que em relativamente curto espaço de tempo transitou do modelo cognitivo-adaptativo para um modelo 4E multimodal cruzado, reflete a tendência da sociedade ocidental do século XXI de questionar a compartimentação dos saberes, de aceitar a necessidade da transdisciplinaridade e de reconhecer que somos inseparáveis do meio em que habitamos.

Agora que compreendemos como percebemos e processamos os sons, descobriremos como funciona o maravilhoso cérebro dos músicos.

Capítulo 3

O MARAVILHOSO CÉREBRO DOS MÚSICOS

O cérebro é um órgão maravilhoso e também misterioso. Ainda temos muito o que descobrir sobre o seu funcionamento, sobre os milhares de processos que constantemente ele leva a cabo mesmo nas tarefas mais simples.

Em atividades complexas como tocar um instrumento ou cantar, nosso cérebro ativa múltiplas zonas e funções simultaneamente. São ativadas, ao mesmo tempo, mecanismos corticais relacionados com a execução de funções cognitivas e motoras de alta especificidade e múltiplos sistemas sensoriais. Praticar música, para simplificar, é como realizar um exercício de alto rendimento para o cérebro.

De fato diversos estudos que comparam as habilidades cognitivas de músicos com as de não músicos da mesma idade, mostram que os primeiros têm desempenho significativamente melhor e respondem mais rapidamente em todas as provas que mesuram estas habilidades, demonstrando que o treino musical é um fator protetor contra o envelhecimento neuro-cognitivo. Ao praticar um instrumento exercitamos a percepção, a atenção, a memória e os processos de aprendizagem.[71]

Conhecer estes benefícios deveria nos inspirar para que incluíssemos a música em nossas atividades cotidianas, especialmente se pensarmos que vivemos em uma sociedade que dia a dia aumenta sua expectativa de vida, ou seja, é provável que vivamos até idades muito avançadas, e esperemos que em pleno uso de nossas habilidades cognitivas. Esta consciência é mais importante quando descobrimos que uma em cada nove pessoas mais velhas que 65 anos, e três em cada nove pessoas entre as de 85 anos ou mais, têm limitações de cognição,[72] cifras que tendem a se multiplicar se considerarmos que se espera que a porcentagem de pessoas com 80 anos ou mais na população da União Européia se multiplique por 2,5 entre 2019 e 2100, passando a representar de 5, 8% da população a 14,6%. Nos Estados Unidos da América está previsto que em 2060 a população de velhos daquele país aumente em 105,2%.

A grande pergunta é, portanto, como chegar a idades avançadas conservando as habilidades cognitivas? Que podemos fazer para que o declínio natural de nossas capacidades seja mais lento e cheguemos à velhice em pleno uso de nossas faculdades mentais?

Existem múltiplos fatores que determinam o envelhecimento cognitivo, incluindo o nível educacional, a atividade física e a dieta,[73] ou seja, uma vez mais confirmamos que nossos hábitos diários são o fator mais importante para a manutenção da saúde mental, física e cognitiva. Demonstrou-se, por exemplo, que hábitos como a leitura, tocar um instrumento ou dançar, reduzem o risco de desenvolver demência.[74] O que estas atividades protetoras têm em comum é que todas representam desafios do ponto de vista da cognição. São atividades que exigem a coordenação de várias funções simultâneas.

Que desafio pode ser maior que tocar um instrumento e cantar ao mesmo tempo? Ou aprender canções que requerem o desenvolvimento de destrezas técnicas cada vez mais complexas? Quando tocamos um instrumento devem ser coordenados numerosos sistemas sensoriais – a audição, a visão, o tato – com a atividade motora.[75] Esta coordenação exige, além disso, que o foco de nossa atenção seja constantemente intercambiado. O desenvolvimento destas habilidades é o responsável de que os músicos profissionais obtenham pontuações superiores àquelas dos não músicos em todos os testes cognitivos.[76] Também se viu que os músicos de orquestras profissionais, que requerem um maior nível de complexidade cognitiva em sua atividade, desenvolvem demência numa proporção menor que a população em geral. Sem dúvida a prática musical é um fator protetor do cérebro.

No entanto, existem diferenças entre o cérebro dos músicos e dos não músicos?

Ao que parece, a experiência musical molda o cérebro estrutural[78] e fisiologicamente.[79] Do ponto de vista estrutural, quer dizer, da formação do cérebro e suas diferentes áreas, se observam notáveis diferenças entre músicos e não músicos. Por exemplo, sabemos que a parte anterior do corpo caloso dos músicos é maior, dando-se o mesmo como o sulco central em ambos os hemisférios cerebrais, que é mais profundo, e com as áreas associadas com o córtex auditivo primário, a área de Broca – que se relaciona com a linguagem – e a circunvolução frontal inferior.[80] O cérebro dos músicos também apresenta um volume maior. Alguns estudos demonstram que os instrumentistas têm mais massa cinzenta nas regiões motoras primárias e somatossensoriais, pré-motoras, parietais anterossuperiores, bem como na circunvolução temporal inferior.[81]

No entanto, as diferenças mais chamativas entre o cérebro dos músicos e não músicos não são as estruturais, mas as que tem a ver com habilidades cognitivas e sensoriais, incluindo o controle de impulsos, o processamento da linguagem e o processamento dos sons e seus diferentes atributos. Os músicos são mais rápidos processando estímulos musicais multissensoriais,[82] e desenvolvem maiores aptidões como a memória auditiva, a atenção e a capacidade de distinguir tonalidades.[83]

Comparando a resposta dos músicos e não músicos a variações de ritmo e de tonalidade, se demonstra que os primeiros são mais rápidos que os segundos, fato que não surpreende devido ao treinamento musical. O que surpreende é que os não músicos detectam as diferenças mais facilmente com o ouvido esquerdo, enquanto os músicos não exibem esta preferência que também é chamada de lateralização.

Esta diferença pode se dever ao fato de que o treino musical estimula a comunicação inter-hemisférica,[84] o que implica num grau de reorganização cortical que é mais pronunciada nas pessoas que começam a estudar música mais cedo, visto que o cérebro é mais plástico nos primeiros anos de desenvolvimento.[85] Isto quer dizer que, nos músicos, os dois hemisférios partilham funções e se comunicam com maior fluência.

Poucos anos de treino musical na infância – no mínimo dois anos, segundo alguns estudos – podem influenciar a codificação neuronal no adulto, mesmo anos depois de ter parado com os estudos.[86] Os efeitos positivos do estudo da música se estendem ao âmbito da memória, da atenção e das capacidades cognitivas em geral. A boa notícia é que, ainda que tenhamos recebido formação musical durante a infância, o simples fato de ter crescido num ambiente rico em estímulos auditivos ativam a plasticidade cerebral.[87] Notícia ainda melhor é que a plasticidade do cérebro se conserva durante toda a vida, ou seja, em qualquer idade podemos nos beneficiar das benesses da música.

A experiência musical não só reforça capacidades úteis dentro da prática musical como, por exemplo, diferenciar o som de um instrumento dentro de um conjunto, mas promove um processamento mais preciso e eficaz dos sons que têm significados em outros tipos de comunicação.[88] Esta capacidade de extrair significado de paisagens sonoras complexas é um fator muito importante na transferência de habilidades a domínios não musicais, como a aprendizagem ou a linguagem, e por esta razão os músicos têm maior capacidade para aprender idiomas e perceber erros em suas segundas línguas.[89]

Seja reconhecendo o som ou reconhecendo uma voz num lugar ruidoso, o cérebro do músico é capaz de distinguir um sinal auditivo e extraí-lo daquela paisagem sonora complicada com mais facilidade que o de um não músico.

Ainda que eu não tenha mencionado explicitamente, ao ressaltar a plasticidade do cérebro estou falando de nossos hábitos e do impacto que estes têm em nossa saúde ou nossa doença. Quando descobrimos que somente dois anos de estudo musical durante a infância melhoram a cognição, o que estamos reconhecendo é a importância de cultivar hábitos de vida que estimulem nosso cérebro e corpo em todas as suas dimensões, ou seja, construir um habitat, um meio ambiente rico em estímulos cognitivos, sejam sonoros, visuais, relacionais e tantos outros. Ou seja, por toda a vida construímos novos caminhos neurais. Ao nos expor a estímulos sonoros, nosso sistema auditivo modula dinamicamente o processamento de sinais que vai acumulando ao longo do tempo, desenvolvendo uma experiência sensorial. Todas as nossas experiências auditivas vão se somando para que o cérebro aprenda através da experiência, de fusões, de processos cognitivos e sensoriais, e configure pouco a pouco nossas respostas aos estímulos. Portanto, os sons aos quais prestamos atenção no passado dão forma à nossa resposta automática a novos sons do presente.

Através da experiência, aprendemos a selecionar os

estímulos auditivos mais relevantes para nós mesmos. Com o tempo, esta experiência acumulada dá origem a uma "assinatura neuronal" que é diferente para cada indivíduo.[90] Esta assinatura faz com que, por exemplo, a resposta cerebral dos músicos se ajuste ao timbre específico do instrumento que tocam, sendo que este timbre familiar produz uma resposta mais ampla que o som de outro instrumento. À medida que ampliamos o tipo de estímulo sonoro, também se amplia nosso espectro de prazer, ou seja, aprendemos a gostar de novos sons.

A existência da "assinatura neuronal" explica, por exemplo, que o estilo de música que executamos afeta o processamento do som. Esta situação se observa claramente nos músicos de jazz, que demonstram maior sensibilidade a variações acústicas sutis em suas respostas cerebrais se os comparamos com músicos de outros gêneros, pois eles estão acostumados à improvisação e estão atentos a mudanças na música às quais têm de se adaptar em questão de segundos.[91]

Durante a execução musical acontecem também muitas mudanças fisiológicas. São liberados hormônios e neurotransmissores, substâncias químicas que enviam, recebem, amplificam e/ou modulam mensagens no cérebro e em todo o corpo.[92] Este cocktail químico é responsável, entre outras coisas, pela famosa 'adrenalina da execução', a ansiedade que sentimos antes de entrar no palco, e que às vezes se transforma no temido 'pânico de palco'.

Não é necessário ser músico para ter sentido esta ansiedade. Talvez a tenhamos vivido quando tivemos que realizar uma apresentação pública ou entrar em um palco. A ansiedade sentida no exato momento de entrar no palco, esta mescla da vontade de seguir para, finalmente, compartilhar o trabalho ao qual dedicamos tanto tempo, do medo ao pensar que poderia não acontecer como desejamos, e do temor pela reação do público, pode às vezes nos paralisar. Assim, a ansiedade paralisa a alguns, convertendo-se no conhecido 'medo de palco', e outros a superam e se lançam frente ao público para interpretar a música.

Todas estas sensações se devem à liberação de diversas substâncias, incluindo as endorfinas, neurotransmissores conhecidos como opiáceos naturais, pois produzem um efeito similar ao da morfina ou da heroína. As endorfinas são liberadas normalmente em situações de estresse físico ou emocional, e ajudam a controlar a dor, a temperatura corporal, o estado de ânimo, a atividade sexual, a memória, a fome e a sede. Seus efeitos mais notórios são a diminuição da frequência respiratória e a redução da tensão arterial, devido ao seu efeito vasodilatador.[93]

Durante a apresentação de um cantor elas são essenciais, contribuindo para regular a respiração, que é a base da produção do som. Durante a execução também é liberada serotonina, um neurotransmissor que tem grande impacto no comportamento, no estado de ânimo, na memória e na atenção.[94] Para o intérprete, a serotonina é especialmente relevante, pois facilita o reconhecimento dos estados emocionais nas expressões faciais daqueles que o rodeiam, melhora sua atenção e memória, ajudando-o a alcançar a melhor execução possível.[95]

Parte deste cocktail de neurotransmissores que intensifica

nossos sentidos durante a execução musical é a dopamina, uma molécula envolvida tanto no ação física quanto no pensamento, e que contribui para a regulação das funções motoras e dos estados anímicos. Esta se libera frente a mudanças meio-ambientais, ajudando nossa adaptação e nos preparando física e emocionalmente para o que está por vir. A dopamina se relaciona com a previsão de acontecimentos gratificantes, o que, se especula, poderia estar na origem do critério estético.[96]

Porém o neurotransmissor que se relaciona mais diretamente com a execução musical, isso é popularmente sabido, é a adrenalina, uma substância que atua como hormônio e como neurotransmissor em múltiplos níveis. A adrenalina é disparada nas situações de estresse em que temos de lutar ou fugir. São ativados mecanismos primordiais, os mesmos que se ativaram nos primeiros hominídeos na sua luta por sobrevivência contra os elementos. Mecanismos automáticos que nos vinculam diretamente aos nossos antepassados mais remotos. Nestas circunstâncias, o corpo incrementa sua frequência cardíaca e realiza uma vasoconstrição para enviar o sangue para os músculos esqueléticos, preparando-os para nos defender do perigo. A energia e a força são incrementadas e a frequência respiratória, a pressão arterial e os níveis de açúcar no sangue são elevados. A adrenalina nos deixa preparados para um batalha, porém seus efeitos podem ser devastadores durante a execução musical, particularmente para cantar, quando necessitamos regular a respiração e, por assim dizer, amenizar as revoluções para estar plenamente conscientes e sob controle.

Parte importante da formação do músico, especialmente do cantor – cujo instrumento é seu próprio corpo – é aprender a se auto-observar e desenvolver consciência de seu corpo, para conseguir equilibrar a tempestade química à qual se verá submetido durante a apresentação em público. Por isso os cantores estudam técnicas de relaxamento, respiração e consciência corporal, buscando estar plenamente conscientes e controlando a execução. O objetivo destas práticas é chegar a dar o melhor de nós no palco, o cem por cento de nossas capacidades.

Ainda que os músicos, como os esportistas de elite, incorporemos esta disciplina para chegar ao melhor desempenho no momento da execução, a aprendizagem destas técnicas impacta positivamente nossa saúde geral. A preparação e a apresentação trazem desafios únicos para o sistema nervoso, e estes determinam que o cérebro dos músicos seja diferente do dos não músicos, e que desenvolvamos habilidades cognitivas que nos protejam da degeneração associada ao envelhecimento.

Estes achados deveriam ser suficientes para nos animar a tocar um instrumento ou a cantar, não somente pelas mudanças positivas no cérebro, mas porque está provado que a prática da música nos faz mais felizes e incrementa nossa qualidade de vida.

A música nos ajuda a socializar, a nos conectar, a nos expressar, a compartilhar o que somos ou o que queremos ser. Quando cantamos, tocamos um instrumento, assistimos a um concerto público ou dançamos, expressamos o mais autêntico do nosso ser, nos apresentamos frente aos outros tal como somos, sem máscaras, liberamos o corpo e vibramos junto aos outros e o universo, expressando a essência mais pura do que somos e, ao fazê-lo, nos fundimos com o grupo, formando parte de algo maior, de uma grande comunidade.

Capítulo 4

PRAZER, EMOÇÃO E MÚSICA

Me recordo que aos dez anos de idade, quando comecei a cantar, com frequência quem me escutava dizia que ficava arrepiado. Naquele momento eu não entendia a que se referiam, ainda que intuísse que era algo positivo, pois o expressavam como um elogio. Com o tempo eu mesma comecei a experimentar várias sensações ao escutar música que me agradavam muito: sensação de vazio no peito, nó na garganta, arreio e até vontade de chorar.

Mais tarde aprendi que mais de cinquenta por cento da população experimenta este tipo de resposta fisiológica e emocional quando escuta música ou vive experiências estéticas intensas. A música tem o poder de modificar nosso estado físico e emocional, e talvez por isso hoje em dia ela é ubíqua, nos acompanhando em todas as circunstâncias e momentos da vida. De fato, diversos estudos concluíram que uma das motivações mais importantes para se escutar música ao longo do dia é para experimentar e regular os estados emocionais.[97] Algumas dessas experiências podem ser tão intensas que desencadeiam efeitos duradouros no bem-estar das pessoas.[98]

As emoções produzidas pela música estão ligadas intimamente à memória, desencadeiam recordações e facilitam o acesso à memória autobiográfica. Isso explica o porquê de vincularmos determinadas canções a momentos da vida carregados de emoção, a momentos importantes As perdas, dores, amores e desamores se associam às canções, que se convertem na trilha sonora de um período de nossa existência. Algo como capítulos sonoros autobiográficos.

A habilidade para diferenciar emoções na música aparece muito cedo em nosso desenvolvimento. Já entre o segundo e o quarto mês de vida somos capazes de relacionar sentimentos prazeirosos com os sons consonantes e sensações desagradáveis com sons dissonantes.[99] Por volta do terceiro e quarto anos adquirimos a habilidade de identificar música alegre, e pelo sexto ano podemos reconhecer uma ampla gama de emoções na música, incluindo a tristeza, o medo ou a raiva.[100]

Inicialmente relacionamos emoções musicais básicas,

associamos a música rápida com a alegria e a lenta com a tristeza. Pouco a pouco refinamos esta habilidade, sendo capazes de vincular diferentes estados anímicos com características de material musical mais complexo; por exemplo, associamos a tristeza com a música em tom menor e a alegria com a música em tom maior.

Então surgem várias questões: A que nos referimos quando falamos de emoção? O que se passa em nosso corpo quando escutamos música? Como se conectam a música, o prazer e a emoção?

Definir as emoções é algo complicado. Desde a antiguidade o homem tem tentado explicá-las a partir de diversas disciplinas, incluindo a filosofia, a psicologia e, mais recentemente, a neurociência. Os primeiros filósofos compreendiam as emoções como uma categoria dos sentimentos, diferentes de outras sensações proprioceptivas e sensoriais. A partir do século XIX, com o surgimento da psicologia experimental, surgiram diversas outras teorias, tornando difícil chegar a um consenso sobre o que constitui uma emoção.[101]

Algumas emoções parecem ser automáticas, consistentes e universais,[102] e outras, ao que parece, estão determinadas pelo contexto sociocultural em que são produzidas.[103] Para tornar as coisas ainda mais difíceis, muitos cientistas discutem se as experiências emocionais são percebidas como resultado de mudanças fisiológicas autônomas[104] ou se são produzidas por alterações no meio ambiente[105] É como quando nos perguntamos quem veio primeiro, o ovo ou a galinha. Se somam a essas discussões a da discussão sobre as emoções básicas e as complexas,[106] fazendo a definição ainda mais elusiva.

Uma das teorias mais divulgadas, formulada inicialmente por Darwin,[107] propõe que existem emoções básicas, irredutíveis, produtos da evolução,[108] que respondem a processos adaptativos, universais e biologicamente determinados.[109] Como exemplo paradigmático se encontra o medo, um motivador de conduta em resposta a uma ameaça que parece ter uma resposta psicofisiológica comum[110] e que, ao que parece, se processa em grande parte numa zona do cérebro denominada amígdala.[111] No entanto, a amígdala está relacionada com muitos outros processos, incluindo o reconhecimento das emoções na música, o que confirma que não existem zonas cerebrais específicas e localizadas para determinadas emoções.[112]

Uma das principais críticas a esta teoria é que não existe consenso sobre quantas e quais são as emoções básicas.[113] Alguns pesquisadores afirmam que as únicas emoções básicas são o prazer e o medo, ainda que a definição mais aceita inclua como emoções básicas a alegria, a ira, o medo, a tristeza, o desgosto, a vergonha, a surpresa, o desprezo, o interesse, a culpa, a aceitação e a antecipação.[114]

Em contraste, a teoria da valorização das emoções põe ênfase em como julgamos, avaliamos e entendemos os estímulos, ou seja, mais que o estímulo mesmo o que o que provocaria a emoção[115] seria como o avaliamos, e isso depende de fatores culturais e ambientais. Isso explica como um mesmo estímulo desencadeia diferentes emoções em diferentes pessoas.[116]

Por fim encontramos o enfoque construcionista da emoção(20), que põe sua atenção nos efeitos que têm os estímulos em um determinado meio cultural, social e biológico. Sob este paradigma a resposta emocional e sua intensidade são o resultado da interação entre o estímulo, a cultura, a sociedade e os marcadores somáticos, algo similar à concepção *4E* da cognição, citada anteriormente. Neste contexto as emoções e as interações sociais constituem um sistema indivisível, ou seja, as emoções se expressam social e historicamente e são reconhecidas, fomentadas e controladas de diferentes maneiras de acordo com o contexto histórico, o gênero, a classe social, etc.

Por fim, quando tentamos compreender o efeito emocional da música devemos ter em conta seus efeitos cognitivos, sociais, terapêuticos e estéticos no ouvinte.

Em 1871 Darwin afirmou: "A música desperta em nós diversas emoções, porém não as mais terríveis de horror, medo, raiva, etc. Desperta os sentimentos mais suaves de ternura e amor, que rapidamente se convertem em devoção".[117] As afirmações de Darwin têm sido confirmadas recentemente por investigadores que descobriram que, ainda que a música seja capaz de produzir toda a gama de emoções, ela com mais frequência estimula estados emocionais positivos como felicidade-euforia e nostalgia-desejo.[118] Emoções como a ira, a irritação, o tédio-indiferença ou a ansiedade-medo, foram encontradas com mais frequência nas situações cotidianas do que quando se escuta música. Zentner, Grandjen e Scherer demonstraram também que a música causa com mais frequência reações positivas, como relaxamento e alegria, que negativas como agressão, ansiedade, depressão ou ira.[119]

Outra afirmação de Darwin é que as emoções geradas pela música cumpriam um papel evolutivo que, ao acompanhar os cantos, danças e rituais de uma comunidade, fortaleciam os vínculos sociais, contribuindo para a sobrevivência. Um exemplo disso são os sons trocados entre o bebê e seu cuidador. As propriedades musicais desta primeira comunicação têm demonstrado ser essenciais para a sobrevivência da criança.

Autores recentes sugerem que existem dois tipos de emoções: as utilitárias, conectadas com o interesse e bem-estar de um indivíduo, e as estéticas musicais. Segundo estes cientistas, os termos utilizados pelos sujeitos para descrever as emoções que surgem ao escutar música correspondem às nove emoções estéticas musicais: assombro, transcendência, ternura, nostalgia, tranquilidade, poder, ativação do gozo, tensão e tristeza.[120]

Um tema controverso que surge nesta análise é se a música evoca emoções nos ouvintes ou se simplesmente estes reconhecem a emoção expressa pela obra musical. No primeiro caso o estímulo musical desencadeia uma série de reações psicológicas, fisiológicas ou motoras, como por exemplo a sensação de calma, relaxamento ou felicidade, ou mesmo a tendência de seguir o ritmo com o corpo. Uma situação diferente ocorre quando identifico uma peça como triste ou alegre mas não se desencadeiam respostas emocionais, ou seja, minha relação com a música é puramente cognitiva, e portanto eu sei que a música é alegre, mas não sinto alegria. Também quando escutamos música triste mas não sentimos prazer. Ou seja, as emoções percebidas e as sentidas podem não coincidir.

Em geral, a literatura científica sugere que a amígdala e diversas regiões do lóbulo temporal são as áreas implicadas na percepção da emoção na música. Clinicamente já se pôde diferenciar a habilidade de perceber a música da habilidade para perceber as emoções na música, ao observar que pacientes com lesões do lóbulo temporal ficam impedidos de reconhecer a emoção na música apesar de poderem escutá-la perfeitamente.[121]

Sabemos também que fatores ambientais e sociais determinam nossa resposta emocional à música: não é a mesma coisa se eu escuto uma canção triste depois de um rompimento amoroso ou no meio de um funeral, ou se a escuto como música de fundo enquanto realizo outras atividades, ou como música ambiente num elevador.

Determinados cantos entoados nos campos de batalha, em manifestações políticas, religiosas ou em estádios de futebol, tem efeito de energizar, unir e excitar grupos de pessoas que compartilham ideais ou ideologias. Isto confirma que a emoção produzida pela música está vinculada também a fatores extramusicais. Uma mesma canção pode desencadear diversas respostas fisiológicas e emocionais em diferentes contextos.[122]

As respostas psicofisiológicas mais comuns à música incluem mudanças na pressão arterial, no pulso, na condutividade da pele, e mudanças no tônus muscular. Foi observado que ao escutar fragmentos de obras musicais que expressam tristeza, medo e ansiedade, o nível de excitação fisiológica do corpo muda. A música triste altera sobretudo a frequência cardíaca, a pressão arterial, a condutividade da pele e a temperatura corporal dos ouvintes. A que expressa medo e ansiedade provoca, principalmente, mudanças nos parâmetros do pulso. Finalmente, a música alegre produziu alterações na frequência respiratória.

Entre as mudanças observadas se encontrou também os conhecidos "arrepios" ou "calafrios" que foram citados no início. Esta sensação, descrita como prazerosa, consiste num tipo de eletricidade que se inicia no pescoço e que se sente ao longo da coluna vertebral, geralmente associado com eriçamento de pelos.

Falar do prazer é também complicado. Com certeza estaremos de acordo que o prazer é algo subjetivo, relativo, e que o que produz prazer a alguns pode resultar repugnante para outros. Os seres humanos são tão simples ou tão complexos quanto os seus prazeres.

Alguns autores diferenciam entre os denominados prazeres fundamentais, que são os necessários para a sobrevivência da espécie como o sexo, a comida e o pertencimento ao grupo, e aqueles prazeres mais conscientes, entre os quais se encontram a ganância econômica, o reconhecimento social, os sentimentos religiosos e os prazeres musicais e estéticos. Ainda que estes prazeres aparentemente não sejam necessários para a sobrevivência, eles ativam as mesmas zonas do cérebro que os prazeres fundamentais.[123]

Algumas das estruturas que intervêm no prazer se encontram ancoradas no fundo do cérebro, por exemplo no corpo estriado ou no tronco encefálico, e outras se encontram no córtex cerebral. Apesar de o cérebro contar com numerosas redes e circuitos relacionados com o sistema de recompensa, parece que os mecanismos de prazer são muito mais específicos e, por assim dizer, escassos. Ao que parece, existem áreas muito pequenas nas estruturas subcorticais chamadas pelos investigadores de "pontos hedônicos quentes" - *hedonic hotspots* – que estão separados mas conectados à maneira de um arquipélago, e que estão envolvidos na resposta do prazer.[124]

Brridge e Kringelbach descreveram o ciclo do prazer, que se inicia com um desejo inicial, antecipação que, no nível cerebral, ativa a liberação de dopamina. Quando se consegue e se desfruta do objeto do desejo, a exemplo do orgasmo ou quando se ganha uma aposta, se ativam outros neurotransmissores: os opiáceos. Após a liberação da tensão se entra numa fase de aprendizagem e relaxamento. Estas fases do prazer combinam elementos conscientes e inconscientes, ou seja, podemos identificar conscientemente alguns destes estados, porém existem fatores que escapam à nossa consciência, se movendo a níveis mais profundos.

O mesmo ciclo do prazer ocorre com a experiência musical. Os estudos de neuroimagem dos indivíduos que experimentam os "arrepios" ao escutar música mostram que ativação da amídala bilateral, do hipocampo esquerdo, do córtex pré-frontal ventromedial e de várias regiões relacionadas com o prazer e a euforia.[125] Também se ativa a região estriada ventral, zona implicada no processamento da recompensa, no impacto hedônico, na aprendizagem e na motivação.[126]

Experimentos de neuroimagem com tomografia (PET_ e ressonância magnética funcional (fMRI) evidenciam que ao escutar música que nos agrada são ativadas as mesmas áreas cerebrais que se ativam quando experimentamos euforia, recebemos estímulos eróticos ou comemos chocolate.

Como em tudo o mais, há pessoas que experimentam mais intensamente o prazer da música. As diferenças estão determinadas por muitos fatores, que incluem o tipo de personalidade e também fatores genéticos, como no caso de pessoas com anedonia musical congênita,[127] que é a incapacidade inata de experimentar prazer em face à música.

A anedonia musical congênita está presente em aproximadamente 5.5% da população(32), ainda que também possa ser adquirida como resultado de lesões neurológicas.

Não há dúvida de que a música se conecta com a emoção e produz prazer, é só nos lembrarmos das vezes em que escutamos emocionados uma canção, de quando participamos de um concerto ou pulamos excitado por um ritmo trepidante. Os que a executam sabem que através dela podem expressar emoções que não se podem comunicar com palavras. No momento da execução o tempo desaparece.

Quando um músico já superou a etapa de aprendizagem técnica pode acessar momentos transcendentes, nos quais se conecta intimamente com a música, se faz um só com o som. Nestes momentos se alcança um estado quase místico de conexão absoluta com o presente, se vive o agora de maneira plena, e se expressa livremente a mensagem musical. Para os cantores este momento representa o ponto de encontro entre a música e a poesia. Música e poesia se fundem no canto em um ato profundamente catártico e transcendente, que vincula o cantor moderno com a figura ancestral do xamã, esse homem-mulher-medicina encarregado de curar a comunidade, de representá-la, de transitar entre este mundo e o mundo das idéias e dos sonhos.

No momento da possessão xamânica, o xamã, assim como o músico moderno, experimenta todos os seres, todas as vidas, se faz um com o universo. Como cantora, quando canto eu vivo mil vidas, todas as emoções, experimento situações e vivências que não fazem parte da minha realidade, mas que me são próximas por serem experiências humanas.

Eu sempre digo que graças ao canto pude ser homem e mulher, rei e mendigo, jovem e velha, estar apaixonada, abandonada, esperançada, solitária, ferida e todo-poderosa.

Ao interpretar com plena consciência os poemas das canções, posso expressar emoções a que somente tenho acesso através da união da música e a poesia. Esses momentos de conexão total com a música, de atenção plena que produzem tanto prazer e felicidade a nós executantes, coincidem com os momentos que Csikszentmihalyi descreve como *fluxo*. Nele todos os pensamentos, intenções, emoções e todos os sentidos se concentram num mesmo objetivo.

Quando a experiência do fluxo passa, nos sentimos mais conectados, conseguimos chegar a um nível mais alto de complexidade, uma complexidade que é resultado de dois movimentos aparentemente opostos: a diferença que nos impele a ser autênticos, únicos, a nos separar dos outros, e a integração que nos une aos outros, nos irmana, nos funde. A dialética entre estas duas forças aparentemente contraditórias produz um indivíduo mais complexo e rico.

Seja executando ou escutando, a música é fonte de prazer estético. O grande compositor russo Igor Stravinsky assim o expressou:"Não se poderia descrever melhor a sensação produzida pela música que dizendo que é idêntica à que evoca a contemplação da interação das formas arquitetônicas. Goethe o entendeu perfeitamente quando chamou a arquitetura de música petrificada".

Capítulo 5

MÚSICA, FELICIDADE E O SENTIDO DA VIDA

Desde a antiguidade a busca da felicidade tem sido um dos maiores desejos da humanidade. Numerosas filosofias têm equiparado uma vida boa a uma vida feliz. Diferentes disciplinas a estudam, incluindo a psicologia, a filosofia, a sociologia e a economia. Ao que parece todo mundo quer ser feliz.

Para alguns a felicidade parece ser questão de recursos, questão de PIB. No entanto, muitos estudos concluem que algumas das sociedades mais felizes não são necessariamente ricas. Esta constatação desafia os valores da sociedade capitalista, na qual nas últimas décadas a felicidade se converteu em uma indústria milionária que se alimenta do desejo de também comprar a felicidade. Anualmente se vendem milhões de cursos de autoajuda e livros que propõem receitas e métodos para alcançá-la.

Mihaly Csikszentmihalyi, conhecido pesquisador da felicidade, a definiu como a capacidade de alcançar um estado de fluxo:

> Estado em que as pessoas estão tão envolvidas em uma atividade fora da qual nada parece importar; a experiência em si é tão agradável que as pessoas a ela se dedicariam ainda que isso implicasse em um grande custo, somente pelo simples fato de executá-la.[129]

Em seus estudos observou que as experiências de fluxo compartilham sete características: proporcionam a quem as realiza um sentido de competência na atividade, combinam ação com concentração, têm objetivos claros, demandam atenção plena e centrada na atividade, proporcionam o sentido de exercer controle – inclusive se a situação não está completamente sob controle –, implicam numa perda da autoconsciência e da conexão interpessoal, e nelas se perde a noção de tempo.

Existem duas condições que sempre estão presentes nas experiências de fluxo. Em primeiro lugar os participantes sentem que as atividades representam um desafio a suas capacidades e lhes proporcionam a oportunidade de melhorar, de desenvolver ainda mais suas habilidades, e por outro lado devem ser possível avaliar suas realizações para poder definir objetivos futuros.

Nas experiências de fluxo as pessoas desenvolvem suas habilidades e continuamente se impõem desafios mais complexos, o que os mantém motivados. Assim as atividades se prolongam no tempo, aumentando a sensação de bem-estar.

Por ser um estado subjetivo associado com o nível de satisfação que temos nos diferentes aspectos da vida, a felicidade habitualmente se confunde com o bem-estar, conceito que combina os aspectos subjetivos da felicidade com aspirações objetivas relacionadas com a qualidade de vida. O bem-estar, conceito cunhado nas primeiras décadas do século XX, se define como o estado ótimo de um indivíduo, uma comunidade e uma sociedade em seu conjunto. Ele se expressa de diferentes formas em diferentes contextos culturais. De fato, cada sociedade molda sua ideia de bem-estar.

Bill Hettler, diretor do Instituto Nacional do Bem-estar dos Estados Unidos da América[130] o definiu como um processo ativo através do qual as pessoas tomam consciência e elegem opções que as conduzem a uma existência plena.[131] Hetler definiu as seis dimensões principais do bem-estar, a saber: o bem-estar físico, social, emocional, intelectual, espiritual e ocupacional.[132] O bem-estar consiste em alcançar o equilíbrio entre estas seis dimensões.

Esta visão holística do ser humano e de seu entrono se assemelha muito ao conceito que em medicina chamamos de homeostase. No nível biológico a homeostase representa o estado ótimo em que os organismos mantem um equilíbrio constante e as condições fisiológicas para manter a vida.

A homeostase pessoal seria, então, a conquista de um estado de equilíbrio bio psico-social que integra a saúde física e psicológica, e também a capacidade de nos integrarmos e fazer parte ativa de uma comunidade. A doença se apresenta quando existe um desequilíbrio em alguma dessas dimensões. Faz sentido que vinculemos o conceito de bem-estar ao de saúde, pois o bem-estar é condição necessária para alcançar a saúde.

Que papel desempenha a música na felicidade e bem-estar e, por fim, na saúde? Estudos recentes realizados em músicos profissionais para avaliar seu estado de bem-estar na idade madura e nos idosos demonstraram que a música é um fator chave para a manutenção da sua saúde e de suas habilidades físicas, cognitivas e sociais durante a velhice.[133]

A prática da música, além de proporcionar estímulo intelectual e cognitivo, proporciona a sensação de pertencimento ao grupo e facilita a adaptação às mudanças associadas ao envelhecimento. Os estudos mostraram que os músicos se mantêm saudáveis até idades muito avançadas, bem mais que a populaçãoo que não pratica a música, porque a prática de seus instrumentos exige que adquiram hábitos saudáveis de alimentação, postura e respiração, além de mantê-los conectados com seus ambientes sociais.

Existe também relação direta entre a prática musical e a felicidade, pois os músicos constantemente se impõem desafios de aprender novos repertórios, o que os conduz ao citado *fluxo*. A sensação de felicidade provém do processo de aprendizagem, do fato de atingir as metas, de desenvolver um sentido de auto-realização e de sentir que aprimoram suas potencialidades. Esses achados são de especial relevância numa sociedade que aumentou sua expectativa de vida de maneira espetacular nos últimos anos, e que espera aumentá-la muito mais em anos vindouros.

Do ponto de vista cerebral diversos estudos associam a escuta e participação na música com o aumento de neurotransmissores que induzem ao relaxamento, estimulam emoções como o entusiasmo, fortalecem o sistema imunológico e facilitam a integração social. Os neurotransmissores associados com estas mudanças são principalmente a dopamina, o cortisol, a serotonina e a oxitocina.[134]

Ainda que inicialmente se acreditasse que a oxitocina era liberada unicamente a partir do contato físico, na verdade ela se associa à confiança que se desenvolve entre pais e filhos devido ao contato. Demonstrou-se que atividades grupais relacionadas com a música, como o canto coral, produzem seu aumento. Isso explica que ao cantar em grupo se fortaleçam os laços de confiança e cooperação entre os participantes.[135]

Em exames de Ressonância Nuclear Magnética foi também observado que, ao receber um estímulo musical, as artérias cerebrais se oxigenam estimulando a liberação de neurotransmissores em múltiplas zonas do cérebro. A música é um catalisador da atividade cerebral que promove o bem-estar, a felicidade e, por fim, melhora a qualidade de vida.

Um dos aspectos que determinam o bem-estar é sentir que temos um propósito na vida, um fim último, algo que lhe dê sentido e faça com que valha a pena viver. Este propósito ou razão de viver é conhecido em japonês como *Ikigai*, um conceito que coincide em vários sentidos com a definição de felicidade de Csikszentmihalyi, que relaciona a capacidade de experimentar os estados de fluxo com a auto-realização e a sensação de poder desenvolver nossas habilidades até sua máxima expressão.

A música é maravilhosa porque através dela podemos alcançar o estado de fluxo de forma individual ou coletiva. Nossa participação no fazer musical dá origem a múltiplas ideias e ações, nós respondemos aos impulsos sensoriais, interpretamos e transmitimos emoções.

Corpo, emoções e música se fundem, e o som se encarna no indivíduo. Ao submergirmos no som, nos tornamos um só com ele, e ao fazê-lo experimentamos uma das características do *fluxo*: a fusão entre ação e consciência.[136]

Esta constatação deveria nos animar a *musicar*, a escutar mais música ao longo da vida, a incentivar o estudo da música desde a infância e a incluí-la como parte essencial da educação.

A música serve como ferramenta de integração social, como linguagem compartilhada que ajuda a superar as diferenças, a nos sentirmos iguais na diversidade e a construir consenso.

Quando musicamos, envolvemos tudo o que somos, se fundem passado, presente e futuro, nossa memória, a percepção do momento e o desejo de compartilhar, de construir. Tudo se funde no musicar.

Musicar significa partilhar uma experiência estetcia na qual eu expresso minha unicidade e a fusiono com o outro, a ofereço, a comunico, a entrego generosamente para que o outro a viva à sua maneira, a decodifique e a integre ao seu corpo e sua cultura, aos valores que o definem, ao *eu sou*. Ao fazer música eu me entrego e, ao fazê-lo, deixo um espaço para a entrada do outro, para o intercâmbio, para a transformação, para a compaixão.

Esta forma de fazer música, de compartir o evento sonoro, tristemente se distancia dos ensinamentos transmitidos nos conservatórios e instituições de educação musical profissional, onde muitas vezes se aniquila a intuição, a aprendizagem de ouvido, e se esquece a função real da música em favorecimento de uma aprendizagem técnica excessivamente racionalista.

É evidente que o músico deve adquirir destrezas técnicas que se desenvolvem com a prática e com a aprendizagem de certas metodologias, mas igualmente importante é o desenvolvimento da intuição, aprender a compartilhar a música e incorporá-la a todos os aspectos da vida, reconhecendo num mesmo espaço de valorização todas as tradições musicais do mundo.

Para chegar a uma sociedade mais sadia e feliz, mais

equitativa e compassiva, a música deve estar na base da educação emocional, estética e intelectual de todas as crianças do mundo, tal como sabiamente o proclama a existência dos Cinco Direitos Musicais, promulgados pelo Conselho Internacional da Música.[137]

Capítulo 6

RITMO, MOVIMENTO E SAÚDE

"Tudo flui e reflui; tudo tem seus períodos de avanço e retrocesso, tudo ascende e descende; tudo se move como um pêndulo: a medida do seu movimento para a direita é a mesma do seu movimento para a esquerda; o ritmo é a compensação."

O Kybalión[138]

O universo se expande constantemente, e se move respondendo a um ritmo e a uma periodicidade. Desde a menor partícula subatômica até a maior estrela, o universo vibra com movimento rítmico. Igualmente, nosso corpo está em contínuo movimento, e as células não param de realizar processos bioquímicos, sempre se regenerando. Cada nova interação com o meio ambiente gera mudanças no nível cerebral e corporal. Estamos em contínua transformação desde o nascimento até a morte.

Emilie Conrad Da'Oud afirmava que o que chamamos de corpo não é matéria, mas movimento.[139] O corpo é a orquestração rítmica de muitas formas de movimento e som, e nele se sobrepõe diversos ritmos: o ritmo do coração, o da respiração, o do trato digestivo, as ações e reações do sistema nervoso e, inclusive, as células e o córtex auditivo, que tem um ritmo inerente, independente dos estímulos.[140,141]

Quando estamos com saúde os ritmos do corpo fluem naturalmente. A enfermidade física ou emocional aparece quando esses ritmos se alteram, quando estamos fora do ritmo. Como num jogo de espelhos, refletimos continuamente nossos movimentos internos emocionais e corporais nas relações sociais e no meio ambiente que nos rodeia. Da mesma forma, os ritmos do meio que nos rodeia impactam positiva ou negativamente os ritmos do corpo.

Na antiga Grécia, filósofos como Platão estabeleceram uma diferença entre o conhecimento adquirido através do corpo e o adquirido através da razão, que era vinculada à alma, atribuindo-lhe mais valor.

Continuando a tradição platônica, o cristianismo desacreditou o conhecimento adquirido através do corpo e o associou com o pecado, com a sexualidade, situando o corpo no extremo oposto das virtudes desejáveis. Séculos mais tarde os filósofos cartesianos, com seu famoso "penso, logo existo", legitimaram ainda mais esta tradição do pensamento, dando origem ao dualismo filosófico, que influenciou todas as ciências e paradigmas de pensamento, e atribuindo mais valor à mente e ao racional que à experiência adquirida através dos sentidos.

Este paradigma de pensamento, que persiste até hoje em grande parte da academia, é totalmente contrário às evidências da neurociência atual. Como aprendemos no capítulo sobre música e cognição, o corpo também é um aparato cognitivo, através do qual percebemos o mundo e moldamos o pensamento. Não existe separação entre corpo e mente. Estes são interdependentes. A inteligência é antes de mais nada uma inteligência do corpo, uma inteligência que se desenvolve no fazer.

Isso significa que a experiência que adquirimos através das interações corporais molda nosso cérebro, criando novas rotas neuronais, em processo de constante que ocorre ao longo de toda a vida graças à plasticidade cerebral. Corpo, mente e meio ambiente constituem uma tríade inseparável. A saúde e a doença são o resultado da interação destes três elementos indivisíveis. Somos seres bio-psico-sociais.

Apesar da evidência, e provavelmente devido ao fato de que levamos séculos sob o paradigma cartesiano, as instituições educativas de todas as áreas do saber, passando pela medicina, a música e a filosofia, para mencionar apenas algumas, continuam perpetuando modelos de ensino compartimentados que desconectam corpo e mente, atribuindo mais valor ao conhecimento racional e separando as ciências das humanidades e das artes. Como resultado a formação médica é predominantemente biologista e as artes, em particular a música, é ensinada a partir do paradigma que separa corpo e mente, convertendo a prática musical em um exercício puramente racional e, portanto, incompleto.

Felizmente, ao longo da história, em diversas culturas, surgiram formas de conhecimento que reconhecem a importância de manter o equilíbrio entre os ritmos físicos e emocionais e os ritmos do ambiente em que vivemos.

A primeira relação entre ritmo e saúde que nos ocorre pensar nós encontramos nas cerimônias xamânicas, nas quais se tocam instrumentos de percussão com uma periodicidade e ritmo que induzem estados alterados de consciência, alcançando a cura de diversas enfermidades.

Hoje sabemos que a estimulação acústica dos tambores afeta a atividade elétrica do cérebro e tende à sincronização ou arrasto rítmico. O arrasto é um fenômeno físico que faz com que os ritmos de sistemas diferentes tendam a sincronizar-se. Foi descoberto no século XVII por Christiaan Huygens, inventor do relógio de pêndulo, que observou em sua oficina que os pêndulos dos relógios que se encontravam próximos tendiam a se sincronizar.

Existem diferentes tipos de arrasto rítmico: o conhecido como intra-individual, que ocorre quando dois ou mais sistemas dentro do mesmo indivíduo se sincronizam; o inter-individual, que ocorre quando se sincronizam dois ou mais indivíduos; e o inter-grupal, que ocorre quando as atividades de dois ou mais grupos são sincronizados.

Este fenômeno pode ser observado, por exemplo, quando um ritmo enérgico desperta o sistema nervoso autônomo, produzindo aumento da respiração, da frequência cardíaca, do cortisol, da adrenalina e de muitos outros hormônios, ou quando um estímulo musical afeta a frequência cardíaca, ou seja, aumenta ou reduz o número de vezes que o coração bate por minuto.

Em pessoas com autismo e esquizofrenia é utilizada com êxito a terapia conhecida como Intervenção de Arrasto Rítmico (ou REI, sigla para *Rhythmic Entrainment Intervention*), tratamento que consiste em fazer com pacientes escutem ritmos de tambores para estimular o sistema nervoso central.

Platão mesmo, no *Timaeus*, uma de suas últimas obras na qual descreve várias patologias, recomendou nunca mover a alma sem o corpo e nem o corpo sem a alma, porque o equilíbrio destas duas é que mantém a saúde.

No século XI o famoso médico árabe Ibn Butlan recomendava, no *Taqwin al-Sihha* – texto que teve grande influência na Europa durante a idade média, conhecido em sua tradução para o latim como *Tacuini o Theatrum Sanitatis* – fazer música e dançar (*sonare et ballare*) para manter a saúde. O livro, que senta as bases da medicina preventiva, apresenta um conjunto de recomendações para manter a saúde, que seria o resultado do equilíbrio das chamadas "seis coisas não naturais" (sex res non naturals): (i) ar, (ii) alimentação, (iii) sonho, (iv) movimento e repouso, (v) secreções e excreções, (vi) emoções.

Este código, que em muitos aspectos segue sendo atual, não é somente fonte de informação de caráter médica, mas também constitui uma fonte iconográfica privilegiada para o estudo da vida cotidiana na Idade Média. Os exemplares que foram preservados estão iluminados com preciosas ilustrações, que na seção dedicada ao *sonare et ballare* mostram pessoas dançando ao som de música interpretada por instrumentos de sopro. Segundo Ibn Butlan, o benefício de cantar e dançar são recebidos igualmente tanto os executantes quanto a audiência.[141]

Durante a Idade Média se registraram vários episódios do que hoje chamaríamos de histeria coletiva, quando grandes grupos de pessoas começavam a dançar freneticamente até ficar exaustos.[142] Estes episódios, chamados por alguns de Dança de São Vito, são atribuídos pelos experts a uma epidemia de *Corea de Syndenham*, patologia infecciosa que produz movimentos musculares involuntários.

Ao longo da história um bom número de tratados têm descrito os benefícios do movimento e do ritmo para a saúde, incluindo os seis livros intitulados *De arte gimnástica*, de Girolamo Mercuriale (1530-1606) e publicado em 1569, o tratado *Sanitate tuenda*, de Pierre Gontier, publicado em 1668, e o tratado do francês Michel Bicaise, publicado em 1669. Segundo Bacaise:"a música e o som fazem dançar a mente ao iniciar um movimento harmônico, um ritmo, um balanço. O balanço do corpo move a mente.[143]

Além de discutir os benefícios do movimento, os tratados recomendavam danças específicas para diferentes patologias, adaptadas à idade, ao gênero, à classe social, à profissão e à morfologia de cada paciente. Diferentes tipos de música se associavam com a promoção de virtudes distintas, por exemplo o modo dórico comparável à tonalidade maior da atualidade, se vinculava a virtudes como a modéstia, a sobriedade e a prudência, enquanto outros modos e suas danças relacionadas se associavam a paixões desgovernadas, que deveriam ser evitadas.

Robert Burton, em seu livro *Anatomy of melancholy*, publicado em 1621, vincula música, movimento e emoção. Nele o autor recomenda a dança, a caça, a caminhada e montar a cavalo para o tratamento da depressão, naquela época chamada de melancolia, e explica como certas melodias e danças favorecem o enamoramento, que ele chama de melancolia de amor.

No século XIX o compositor e pedagogo Emile Jacques-Dalcroze (1865-1950), criador do famoso método *eurhythmics*, afirmava que os ritmos do corpo e do meio que nos rodeia, tais como caminhar, correr ou o bater do coração, contribuem para desenvolver nossa inteligência desde a infância. Para Dalcroze, o ritmo musical se desenvolve quando sentimos e correlacionamos os ritmos internos e externos, ou seja, os do nosso próprio corpo e os do meio ambiente.

Ainda que as teorias de Dalcroze sejam relativamente recentes, a relação entre ritmo, movimento e saúde remonta a mais de 30.000 anos, quando as cerimônias xamânicas, consideradas os sistemas mais antigos de cura organizada, eram praticadas em todo o mundo. Nelas os xamãs tocavam ritmos repetitivos com tambores com uma certa periodicidade – que segundo alguns estudos, é de três golpes por segundo – a necessária para induzir nos participantes estados alterados de consciência e transes que conduziam à cura.

As práticas ancestrais de cura se conectam com terapias modernas, como a chamada Neuro Percussão (*Neurodrumming*), terapia que integra o uso de tambores e cantos de mantras seguindo ritmos predeterminados, e que demonstrou melhorar as capacidades cognitivas e emocionais de seus participantes, diminuindo seus níveis de ansiedade, estresse e depressão.[144]

Este tipo de terapias é considerada treinamento mental ou cerebral, termo que a maioria das pessoas associa com exercícios para a memória ou com cálculos matemáticos, mas que na realidade se estendem a muitas áreas, incluindo a participação em atividades sociais que são essenciais para a saúde cognitiva.

O treinamento mental é necessário e positivo em qualquer idade, já que sabemos que a neurogênese, ou seja, a renovação das células cerebrais, se produz durante toda a vida.[145,146] Nossos cérebros são plásticos, se regeneram constantemente e podem ser moldados e estimulados em qualquer idade.[147]

Foi demonstrado que atividades tão simples quanto dançar ou participar de rodas de grupos tambores.[148] contribuem para a longevidade e para a evolução de um envelhecimento saudável, pois requerem a ativação de numerosos circuitos corticais e de processos cognitivos complexos. Ao mesmo tempo, exercitam a atenção, a percepção, a motricidade e diversas áreas cerebrais. Ainda que nos pareça simples, perceber o ritmo é uma das experiências mais fundamentais e ao mesmo tempo mais complexas do corpo.

O que é o ritmo?

Geralmente quando nos referimos a uma canção rítmica queremos dizer que a música induz um sentido de regularidade temporal, que está organizada segundo um padrão regular que lhe outorga uma periodicidade. No entanto, existe diferença entre a periodicidade da música, o ritmo da música e o ritmo que percebemos, ou seja, quando nos referimos ao ritmo falamos de dois fenômenos, um externo, que é o objeto som com sua periodicidade, e um interno, que é o sujeito que percebe a periodicidade do som.

A forma com que percebemos o ritmo é influenciada também pela cultura na qual crescemos.[149] Numerosos estudos evidenciam que a percepção do ritmo é diferente nas culturas ocidentais e orientais, o que confirma que biologia e meio ambiente interagem para moldar nosso sentido de ritmo.

Na dança, definida belamente por alguns investigadores como um tipo de energia organizada que dá forma ao sentimento,[150] são representados os valores de uma sociedade. A dança se converte num lugar de representação, negociação de conflitos e valores que expressa profundamente o que somos como indivíduos e como sociedade.

Stobart e Cross, num estudo baseado na análise de canções bolivianas em quéchua, demonstraram que percebemos o tempo forte e o tempo fraco num compasso de forma diferente dependendo da cultura na qual crescemos. Os autores atribuíram essas diferenças ao ritmo do quéchua. Ou seja, a "música" da língua que falamos, sua prosódia, determina como percebemos o ritmo.[151]

Também foi demonstrado que a habilidade para perceber ritmos complexos é maior quanto mais exposição temos a músicas de e línguas diferentes, ou seja, esta habilidade pode se desenvolver se estimularmos nosso cérebro, nos expondo a músicas e línguas de diferentes culturas.[152] Já aos nove meses nós humanos somos capazes de discriminar diferentes ritmos, e mostramos preferências por ritmos da nossa própria cultura. Ao chegar aos doze meses aparecem preferências culturais similares às dos adultos, ou seja, uma exposição precoce à música desenvolve nossa habilidade para perceber certos ritmos.[153]

Movimento corporal e prazer estão relacionados, basta recordar os momentos em que dançamos ao ritmo da música, quando o corpo começa a se mover quase automaticamente, sincronizando com a música. Diversos estudos têm demonstrado que encontramos que achamos prazerosa a música que tem certo grau de complexidade, não demasiada, e que de alguma forma nos surpreende, ou seja, que tem uma estrutura que em algum momento muda inesperadamente, acrescentando uma síncope ou uma mudança rítmica estrutural.[154]

Claro que o que alguns acham complexo pode ser muito simples para outros, portanto o prazer que uma música produz depende das pessoas que a escutem e do seu contexto cultural. Porém podemos afirmar que certo grau de síncope, ou certo grau de irregularidade ou de surpresa na música a faz mais prazerosa e mais propensa a fazer com que nos movamos.

Ainda que haja muito para descobrir sobre os mecanismos cerebrais que produzem prazer, e sobre as maneiras com que o ritmo e a música nos afeta, podemos afirmar que atividades prazerosas e lúdicas, como dançar ou cantar, podem melhorar ostensivamente nossa qualidade de vida. Demonstrou-se que dançar instrumentos de percussão diminui a ansiedade, o estresse, reduz os níveis de testosterona e regula o sistema hormonal.

Conhecer a importância que têm as experiências do corpo e, por fim, dos hábitos que cultivamos, nos outorga um incrível poder, mas também uma grande responsabilidade. Com nossas ações podemos moldar nosso cérebro, retardar os processos de envelhecimento, e chegar a idades avançadas em bom estado de saúde. Vamos dançar!

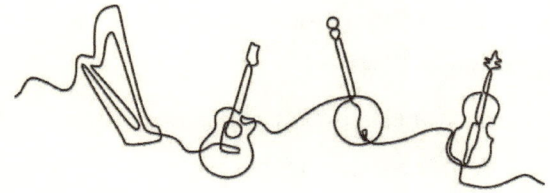

Capítulo 7

MÚSICA NA DOR E NA MORTE

A dor é uma experiência humana compartilhada, todos já a experimentamos. Seja dor física ou emocional, ela se apresenta como um aviso do corpo que nos alerta sobre um desequilíbrio, uma ferida à qual devemos prestar atenção. Segundo a Associação de Estudos da Dor (IASP), a dor é uma experiência emocional ou sensorial subjetiva desagradável relacionada com o dano aos tecidos. Ao reconhecer que é uma experiência subjetiva aceitamos que não se pode generalizar nem comparar entre indivíduos, e também entendemos que é uma experiência na qual confluem múltiplos elementos físicos, sociais, culturais e psicológicos. A dor é uma fenômeno complexo e multidimensional que deve ser abordada transdisciplinarmente.[155]

Nossa experiência com a dor está determinada por fatores tão diversos quanto as memórias que temos de visitas ao hospital, as expectativas que temos sobre um procedimento específico ou o estado psicológico do momento vital que atravessamos.

Mais complexa que a dor física, a dor emocional tampouco se pode medir, avaliar ou comparar. A única segurança que temos é que ao longo da vida todos a sofremos e que nestes momentos a música nos acompanha, nos alivia, expressa o que não podemos dizer, atuando como ferramenta catártica.

Certamente você já viveu experiências nas quais a música o tenha acalmado, ou ajudado a expressar emoções que, de outra forma, não poderia compartilhar. Algumas vezes você a usou para se acalmar em momentos de estresse ou para se animar quando o assalta um sofrimento, uma perda ou uma separação.

Muitos de nós utilizam a música como catalisadora. Me lembro de um amigo que quando estava triste escutava a mesma canção triste durante horas e dias. Ao que parece ele precisava escutar uma música que vibrasse na mesma frequência da dor que sentia e, segundo ele, esta o aliviava. A música o permitia representar sonoramente as emoções que não podia expressar de outra maneira.

O contrário também ocorre quando uma a alegria nos

embarga e nos intoxicamos com música a todo volume para expressar através do som o êxtase que sentimos, esse sentimento que vai além de qualquer explicação, de qualquer palavra. Algumas vezes somente a música pode expressar a profundidade das emoções que nos habitam.

No ambiente hospitalar a música começou a ser usada para tratar a dor depois da primeira guerra mundial, nos hospitais de veteranos, quando grupos de músicos voluntários tocavam para soldados que haviam perdido membros, que se recuperavam de graves feridas e que, em muitos casos, haviam perdido amigos e vivido experiências emocionais extremas. Os resultados deste encontro entre música e dor foram tão espetaculares que se inaugurou a musicoterapia, que se converteu numa profissão à qual se dedicam atualmente milhares de pessoas. Desde então, numerosos estudos têm demonstrado que a música diminui o estresse, a ansiedade, a depressão e a dor de lesões físicas e emocionais.

A música começou a ser receitada para propósitos específicos nas chamadas intervenções musicais, nas quais os musicoterapeutas expõem seus pacientes a diferentes tipos de música em ambientes controlados uma ou várias vezes ao dia. A "dose" de música varia de acordo com as dores e podem ser administradas em uma ou várias sessões.

Para selecionar a música apropriada, os terapeutas entabulam uma relação com o paciente para descobrir seus gostos e as associações que eles têm com diferentes tipos de música.

Ainda que exista a crença generalizada de que a música que tem maior efeito para acalmar a dor ou a ansiedade é a música clássica ocidental, nada está mais longe da verdade. Esta falsa crença se desenvolveu devido ao fato de que a maioria dos estudos sobre o uso da música em ambientes clínicos foram realizados em países ocidentais, onde este tipo de música se associa cultural e socialmente com certos códigos e ambientes socioculturais. Certamente se fizéssemos estudos em países fora do eixo ocidental, comprovaríamos que cada cultura responde a diversos tipos de música. Ou seja, o uso e os efeitos da música devem ser contextualizados cultural, social e historicamente.

Isso exige uma aproximação personalizada para cada paciente, na qual o paciente é visto na sua totalidade, como um ser bio-psico-social. Estuda-se o paciente, não a sua enfermidade, e a partir daí se projeta seu tratamento sonoro. Assim sendo, se tivéssemos que projetar um vade-mécum musical, nos acharíamos diante do desafio de criar um diferente para cada ambiente cultural e social.

Ao contrário do que poderíamos pensar, os tratamentos de musicoterapia não se limitam à escuta de música. Incluem todo tipo de atividades musicais como a execução, a composição, a aprendizagem do instrumento e o canto. A música é feita, a experimentamos em nosso corpo, e através dela se aliviam a dor física e emocional e se desenvolvem habilidades motoras e cognitivas. Os benefícios da música vão muito além do alívio da dor e estão respaldados por uma infinidade de estudos. [156,157,158]

Do ponto de vista fisiológico, a relação entre dor e música está respaldada pela *Gate Control Theory*, uma das teorias mais aceitas sobre a dor, desenvolvida por Melzack e Wall, que reconheceu os componentes afetivos e cognitivos da dor. Esta teoria postulou que os sinais de dor viajam através das fibras nervosas finas, enquanto as sensações táteis, como a vibração, o tato ou a pressão, viajam pelas fibras grossas. Quando recebemos um estímulo doloroso os sensores nervosos enviam os dois sinais à medula espinhal, que atua como uma porta decidindo qual dos sinais deixa passar, se a tátil ou a dolorosa. O mais interessante e relevante para nossa relação entre música e dor é que as fibras grossas, além de processar estímulos táteis, também processam estímulos auditivos e visuais.[159]

A Teoria de Controle de Porta —*Gate Control Theory*— explica porque às vezes nós massageamos uma área dolorosa e isso nos alivia: o estímulo tátil da massagem compete com o estímulo doloroso e, por assim dizer, ganha sua entrada para a medula espinhal.[160]

Se considerarmos que a música é uma experiência multimodal que impacta não somente o ouvido, mas também a percepção tátil, através da vibração, a visual através das associações que evoca, e também os âmbitos emocional e cognitivo, temos todos os elementos que permitem explicar, ao menos empiricamente, o efeito da música no controle da dor.

Um teoria da dor mais recente, também desenvolvida por Melzack, chamada de Teoria da Neuromatrix (*Neuromatrix Theory*), propõe a intervenção do sistema límbico e do córtex cerebral nos mecanismos da dor, atribuindo ao fenômeno da dor um aspecto ainda mais amplo e multidimensional, que reforça ainda mais a relação entre música e o controle da dor.[161]

Múltiplos estudos têm demonstrado que as intervenções musicais diminuem de intensidade da angústia relacionada com a dor, diminuem a frequência cardíaca, a tensão arterial, a frequência respiratória e também a necessidade de anestésicos e opióides, ou seja: a música tem tem sua efetividade comprovada no tratamento da dor.[162]

Em pacientes com câncer, afligidos com frequência de dor física e emocional intensa, a escuta ativa de música tem demonstrado, em diversos estudos, diminuir a ansiedade relacionada com a dor e a morte,[163,164] reduzir a severidade dos sintomas como náuseas e vômito associados com a quimioterapia,[165] e aliviar a ansiedade e a dor durante a radioterapia.[166] A música também incrementou a motivação, a sensação de bem-estar e a tolerância à atividade física em pacientes com transplante de medula,[167] diminuiu a dor em pacientes com grandes queimaduras[168] e a dor do pós-operatório de pacientes coronários.[169]

Ainda que os benefícios da música no nível físico sejam de grande importância, talvez seu impacto mais importante seja o psicossocial, ou seja, seu impacto na saúde emocional e na capacidade de integrar-nos socialmente, de aceitar as mudanças às quais indefectivelmente nos veremos condenados durante a vida. Ao fim e ao cabo a vida é uma contínua adaptação a novos ambientes, pessoas, desafios, transformações físicas e sociais.

Uma das mudanças que todos nós, sem exceção, teremos um dia que enfrentar é a doença. Quando irrompe em nossa vida a transforma, gerando transformações e perdas que nos aproxima da dor. A doença catapulta um conjunto de processos bio-psico-sociais que têm impacto em todos os âmbitos do nosso cotidiano, transformando nossos hábitos e relações. A doença também nos confronta com nossa mortalidade, com o fato de que nossos dias tem data de validade, que não estamos aqui para sempre. A morte representa a crise mais fundamental do ser.

Nestes momentos de perda e confrontação ao longo da história, a música sempre representou um papel muito importante. Em alguns dos primeiros túmulos que datam do período neolítico, foram encontrados restos de instrumentos musicais que aparentemente eram enterrados para acompanhar o morto em sua viagem ao outro mundo.[170] Figuras similares foram encontradas nos túmulos do século V a.C do antigo Egito e na China. Nas tumbas egípcias os músicos aparecem tocando instrumentos de percussão, provavelmente para afastar os maus espíritos, costume que persiste até a atualidade no Egito.

Iconografia etrusca mostra bailarinos e músicos tocando o

aulos, instrumento de sopro similar à flauta, nas cerimônias fúnebres. Este costume se conservou até os tempos da Roma antiga, quando era um requisito contar com a participação de dois conjuntos de músicos em todos os festivais, jogos públicos e procissões fúnebres.

Na antiga Mesopotâmia e no Oriente próximo eram entoados cantos funerais comuns, na China eram cantadas poesias que eram conhecidas como "lamentos para o sul", e na Grécia antiga se entoavam lamentações cantadas acompanhadas por uma lira de três cordas. Porém talvez seja na mitologia grega que encontramos as três principais figuras que na cultura ocidental relacionam a música e a morte: Orfeu, as sereias e as musas.[171] Embora as representações destas figuras que se conservaram datem da época helenística, o mito de Orfeu provavelmente teve origem já no século VI a.C.

Orfeu, aquele que acalma as feras com sua música, aquele que com o som de sua lira movia árvores e rochas e desviava o curso dos rios, com sua música enfrentou todos os perigos do submundo para salvar sua amada Eurídice das garras da morte.

As sereias, pássaros com cabeça humana que seduziam os viajantes com seu canto para levá-los para a ilha onde encontrariam a morte e as musas, aparecem na obra de Homero como músicos no funeral de Aquiles, como guardiãs da ordem do cosmos, e também como membros do coro das festas para os deuses. Os músicos e a música aparecem para nos ajudar a passar para o outro mundo, nos proteger e nos guiar na transição para o desconhecido.

Porém além de assistir quem morre na sua transição, a música ajuda a preservar a memória da comunidade, a ter esperança e a continuar com a vida.

No Irã, enquanto as mulheres choram pela pessoa falecida, os homens cantam e dançam. Nas zonas rurais da China é celebrado o xisang (funeral feliz) para a pessoa que teve uma vida longa, e o xionsang (funeral desfavorável),[172] para quem teve uma vida curta. Os dois tipos de funerais são ambientados por eventos sonoros e musicais que incluem representações de música folclórica para os amigos e familiares do morto. No Pacífico colombiano as comunidades afrodescendentes entoam cantos chamados *Alabaos*, que se convertem em animadas celebrações das quais participa toda a comunidade. De forma similar, na comunidade negra de New Orleans se celebram os funerais de jazz, tradição que remonta aos princípios da história da cidade. Neles desfilam bandas de música em honra ao morto. Estes rituais ajudam a elaborar a dor e a manter a saúde mental das pessoas próximas ao falecido.[173]

Na tradição cristã conhecemos numerosas obras musicais compostas desde o séc. XV para acompanhar a liturgia de defuntos e proclamar a existência da vida eterna, um ato de fé e esperança para os crentes.

O primeiro Réquiem que se conserva é o de Johannes Ockeghem (1461), seguido de muitas obras que incluem o Réquiem de Brumel (1483), o Réquiem a seis vozes de Jean

Richaford, o de Antoine de Févin e o de Tomás Luis de Victoria (1603), para mencionar alguns da época. Mais recentemente e amplamente conhecidos são os Réquiem de Mozart (1791), Cherubini (1816), Brahms (1865-68), Verdi (1874), Saint-Saëns (1878), Berlioz (1837), Fauré (1887), Duruflé (1947), Britten (1963), Ligetti(1963), Stravinsky (1966), Penderecky (1980-2005), Lloyd Webber (1985), Rutter (1985), Jenkins (2005), e um sem número de composições de músicos ocidentais destinadas à liturgia dos mortos.

O que os ritos funerários do passado e do presente têm em comum é que eles buscam restaurar o equilíbrio perdido pela morte de um membro da comunidade. As palavras dos cantos, a música, os discursos e os lamentos servem para recordar e preservar a memória do membro desaparecido. É através dos cantos e lamentos que a comunidade busca restaurar a memória, realizar a catarse da dor, conectar a vida terrena com o além e preservar a memória social.

Mesmo que estes rituais se destinem aos mortos, na realidade são espaços para reafirmar a vida, espaços de resistência nos quais as paixões e emoções se expressam com exuberância através da palavra, da música e da dança, com o corpo como veículo.

A morte é sem dúvida um dos eventos vitais e sociais de maior importância, a única certeza que temos no fluxo variante da existência. Tristemente, apesar de sua importância, na sociedade atual tendemos a negá-la e a exaltar todas as representações da juventude e da beleza. Para muitos confrontar-se com a morte gera conflito, e na maioria das vezes a negamos, preferimos não falar dela, evadi-la, acreditar que é coisa que só acontece com os outros e que, quando acontece, é uma tragédia. Infelizmente a morte não é vista como o que é: um evento natural, um processo a que todos nos veremos levados e para o qual devemos nos preparar.

A música também pode nos ajudar a nos preparar para a nossa própria morte e a dos nossos entes queridos. Um estudo realizado com pacientes terminais ou que haviam solicitado a morte assistida, consistiu em pedir-lhes que criassem junto a seus familiares listas de gravações para usar no momento da morte ou durante as últimas horas ou dias de vida. Algumas pessoas escolheram música que as induzia ao relaxamento ou à alegria, outras elegeram canções que tinham tido um significado especial em diferentes momentos de sua vida, canções que refletiam seus valores ou experiências. Por exemplo, alguns pacientes criaram listas que incluíam música de sua infância, adolescência e juventude, uma forma de autobiografia musical que terminava com a seleção das canções que gostariam que fossem tocadas em seu funeral. A música permitiu que eles construíssem uma narrativa que vinculava o passado, o presente e o futuro.[174]

Projetos como o desenvolvido por *Chalise of Repose*[175] se baseiam no acompanhamento musical de pacientes terminais e de suas famílias através de intervenções musicais nos últimos dias da vida e no momento da morte. Estas intervenções incluem a escuta passiva e atenta de música e a composição de canções, um exercício muito poderoso porque, ao combinar texto e música, alcançamos níveis de expressão aos quais normalmente não temos acesso, podendo expressar as profundidades de nossa dor, do nosso medo, nossa vulnerabilidade, nosso agradecimento e esperança.

Neste contexto a música serve como narradora e disparadora de memórias e emoções. É como se a música fosse uma extensão do eu sou, uma parte do que somos, que se expressa fora de nós e que nos faz vibrar a nós e também a quem nos acompanha na escuta. A música nos permite aceder diretamente às emoções e construir uma narrativa, uma autobiografia na qual se fazem as pazes entre o que eu quis ser e o que sou na realidade, ou seja, podemos revisar nossa vida e estender uma ponte entre o real e o eu idealizado, que permite que nos aceitemos tal e qual somos, aceitando nossa mortalidade e a assumindo como um acontecimento natural.

Compor canções, ainda que não sejamos músicos, é um exercício muito poderoso e ao alcance de todos. Por quê não compor canções para quem eu fui, para quem eu sou e para quem eu gostaria de ser? Escrever canções para os que ficarem quando eu já não estiver, canções para nos despedirmos de nossos seres queridos, para expressar-lhes gratidão ou amor ou para dar-lhes esperança? Por quê não começar a pensar na música do nosso funeral?

Estes exercícios, que parecem supérfluos, são confrontações muito poderosas com a nossa mortalidade, exercícios transformadores que nos ajudam a refletir sobre quem somos e sobre a impressão digital que queremos deixar no mundo, sobre nossos valores e sobre o impacto que nossas ações têm na sociedade e no meio ambiente.

A beleza da música é que ela está ao alcance de todos, não é necessária formação musical para criar uma canção ou desfrutar uma melodia e seus benefícios impactam positivamente nossa saúde mental e física.

Capítulo 8

A VOZ, O CANTO E OS SONS DO CORPO

Você se lembra das melodias que seus pais cantavam para te acalmar, te animar ou te fazer companhia quando você era criança? Talvez te venham à mente as primeiras canções escolares, ou aquelas que você compartilhava alegremente nas noites de festa em família?

Na infância nós cantamos e dançamos livremente, gritamos, choramos ruidosamente e nosso choro se escuta de muito longe porque nossos mecanismos de respiração e emissão vocal ainda não foram domesticados. Ainda não temos introjetadas as normas que determinam o que é correto ou os juízos de valor que nos limitam na vida adulta quando, ao cantar, avaliamos constantemente se o que fazemos bem ou mal ou se beiramos o ridículo.

Cantar é algo natural no ser humano. De fato, quando um adulto inicia o processo de aprendizagem do canto, os primeiros passos consistem em recordar e reaprender a liberdade e relaxamento com as quais emitíamos o som na infância. Começamos por aprender a respirar em total relaxamento, conscientes de nosso corpo, da postura, liberados os músculos da mandíbula, da língua, do pescoço e da caixa torácica. O processo de aprender a cantar se converte num caminho de tomada de consciência que tem um componente físico nos conectando com o corpo, nos fazendo conscientes dele, faz com que olhemos para nós mesmos, nos sintamos, nos auto-observemos. O corpo é o instrumento do cantor.

Mas talvez o componente mais importante na aprendizagem do canto seja o componente emocional. A voz se converte numa metáfora do eu sou, em um espaço de representação no qual se projeta parte do que sou de maneira pura e autêntica.

Algumas pessoas ficam incomodadas ao ouvir suas próprias vozes. Ficam amedrontadas ou envergonhadas ao escutar suas vozes gravadas e não gostam do que escutam. Aprender a cantar se converte, então, num caminho de aceitação de si mesmo, num reconhecimento do que somos, sem grandiloquências nem exageros. Somos simplesmente o que somos e isso é suficiente. Não precisamos de mais do que já somos para amados, para ser aceitos, para ser valorizados.

Na medida em que escuto minha voz, a aceito e me

familiarizo com ela, me familiarizo comigo mesmo, com minha essência e, ao mesmo tempo, amo o que sou e me aceito. Mas o caminho não acaba aí, porque o processo de aprender a cantar nos ensina que a voz de cada pessoa é única, uma impressão digital que nos diferencia dos outros, e que está em contínua construção e desenvolvimento.

O estudo da técnica do canto ensina também que, ainda que iniciemos o caminho com uma tessitura ou extensão vocal, a voz pode ser ampliada, desenvolvida ao máximo de suas possibilidades. A voz – como o resto do corpo e do cérebro – muda no decorrer da vida, refletindo as experiências e etapas físicas e emocionais que atravessamos ao longo do nosso ciclo vital.

O processo de levar a nossa voz real e metafórica à sua mais alta expressão é um processo de autoconhecimento e aceitação, no qual nos fazemos conscientes do corpo e aprendemos a coordenar os mecanismos do relaxamento, da respiração e da emissão do som, num ambiente de total relaxamento, consciência e liberdade.

Talvez muitos de vocês estejam pensando agora que sua voz não é bonita, e que não são aptos para cantar. Felizmente, ainda que todos nós gostaríamos de ter uma voz bonita para cantar segundo os ideais estéticos da sociedade na qual vivemos, o ato de cantar transcende estes ideais. Todos podemos e devemos cantar.

Cantar, em essência, é comunicar, entregar uma parte do que sou, expressar meus valores, meus ideais e meus sonhos.

O cantor, ao mesmo tempo que reflete a realidade que o rodeia, transcende esta realidade, se transfigura, e no momento de cantar acessa outros planos de realidade, formas de percepção e expressão sutis. Neste momento quase mágico ele se conecta com o xamã e com o sacerdote ancestral, se convertendo numa ponte que conecta o mundo ordinário com o mundo simbólico, com o etéreo, o abstrato e o transcendente.

Ao longo da história o canto tem sido utilizado para curar, aliviar as dores, expressar alegrias, dar valor aos que vão para a guerra, energia àqueles que trabalham durante longas jornadas, consolo a quem vive com dor e companhia aos solitários.

Contam que Isabel de Farnesio, a segunda esposa do rei espanhol Felipe V, para tirar o rei da depressão e da melancolia convidou para a corte o castrati napolitano Carlo Broschi – o famoso Farinelli – pois suas canções eram a única coisa que tiravam o monarca de seu isolamento e sua apatia. Esta anedota, que pode ser divertida, demonstrou ter bases científicas. Escutar música alegre ou música que tem conexão emocional conosco, tem afetos demonstrados na nossa sensação de bem estar e estado de ânimo.

Um estudo recente da British Academy of Sound Therapy,[176,] no qual se utilizou o Oxford Happiness Questionaire,[177] concluiu que, depois de escutar música, 32.07% das pessoas se sentiram mais propensas à alegria, 64.97% se sentiram mais alegres, 89.14% se sentiram mais enérgicas, 64.97% riram mais, 86.31% se sentiram mais satisfeitas com a própria vida, e 80.06% afirmaram que se sentir felizes lhes ajudava a tomar decisões mais facilmente.[177] Cantar e escutar outras pessoas cantarem tem efeitos positivos na saúde física e mental.

O elemento central na canção é a voz, essa impressão digital que nos diferencia dos outros, tão importante quando soa quanto quando se cala. A voz é produzida basicamente pela vibração das cordas vocais que é provocada pelo ar.

Além de serem ferramentas catárticas, as canções servem para transmitir os valores de uma pessoa ou comunidade, se erigindo como uma assinatura de identidade pessoal e social. Por isso é que nos identificamos com as canções de uma geração, de um partido político ou de um artista específico, porque a canção transcende o aspecto musical para se converter em portadora de uma cultura, dos valores e aspirações de pessoas e nações, sendo parte essencial tanto do nosso patrimônio pessoal quanto de nossa espécie.

A música e, particularmente, a canção, remontam ao início de nossa espécie. Mesmo que os defensores da protolinguagem musical tendam a situar seus inícios em cenários evolutivos anteriores a 400.000 anos, pesquisas recentes apontam que, do ponto de vista evolutivo, a capacidade de produzir vocalizações complexas surge há 400.000 anos, pois tanto o Homo Sapiens quanto os neandertais – e, por extensão, seu último antepassado comum – têm as mesmas adaptações anatômicas para a fala, enquanto espécies anteriores foram provavelmente diferentes. Segundo estes achados podemos assumir que a fala e a linguagem têm ao menos 400.000 anos e provavelmente evoluíram juntos, num processo em que as adaptações cognitivas e anatômicas co-evoluiram de forma gradual. Da mesma forma, existiu um processo de co-evolução entre vocalizações, gestos e habilidades comunicativas, e entre cultura e biologia, vinculadas através da auto-organização.[178]

O canto e a música têm relação com processos biológicos e adaptativos de diferentes espécies. Assim como a linguagem humana, os sons emitidos por animais estão carregados de significados, expressam informação sobre o território, a reprodução, os grupos sociais, as alianças, as depredações, perigos e recursos. Por exemplo, os cantos dos pássaros têm funções comunicativas, adaptativas[179] e reprodutivas, servem à corte da parceira, servem para definir territórios e para diferenciar grupos. Os chimpanzés ajustam seus sons ao meio social em que se encontram, e o macho da rã com garras sul-africana (*Xenopus laevis*) canta uma canção como parte de seus ritos reprodutivos.[180] Sua laringe tem receptores de andrógenos que lhe permitem crescer oito vezes mais que a das fêmeas para poder cantar.

Nos humanos, as primeiras interações sociais são de natureza musical. Quando a mãe canta e sussurra delicadas melodias ao recém-nascido, são liberadas hormônios como a oxitocina ou a vasopressina,[181] substâncias essenciais para o desenvolvimento do cérebro social que favorecem o apego, a confiança e o afeto entre mãe e filho. A atração do neonato pelo som familiar da voz e do canto da mãe tem impacto nas suas respostas fisiológicas centrais, como por exemplo na secreção de cortisol.[182]

A percepção visual e auditiva se desenvolvem paralelemente, se complementam e são igualmente importantes para nosso desenvolvimento. Como aponta Sterne:

> A audição é esférica, a visão direcional; o ouvido submerge ao sujeito, a visão oferece uma perspectiva; os sons nos chegam, porém a visão viaja até seu objeto; a audição se refere aos interiores, a visão se refere à superfícies; a audição implica o contato físico com o mundo exterior, a visão requer distância; escutar nos coloca dentro de um evento, ver nos dá uma perspectiva do evento; o ouvido é um sentido principalmente temporal, a visão é um sentido principalmente espacial.[183]

Ainda que tenhamos evidência de que através do ouvido podemos chegar a conhecer e entender a realidade de uma forma mais completa, e algumas vezes mais rápida que através da visão, nossa sociedade privilegia o sentido da visão.

Es paradójico, puesto que gesto, lenguaje y sonido, habilidades esenciales para la integración social y el surgimiento de la vida en comunidad, parecen haber surgido adaptativamente, casi al mismo tiempo, para permitirnos sobrevivir.

É paradoxal, posto que gesto, linguagem e som, habilidades para a integração social e o surgimento da vida na comunidade, parecem ter surgido adaptativamente, quase ao mesmo tempo, para nos permitir sobreviver.

Esta situação ocorre, em grande parte, devido ao fato de que, na cultura ocidental, há muitos séculos, porém especialmente desde o iluminismo, as elites ilustradas construíram, através da palavra escrita, as grandes narrativas. Desde então, as humanidades e as ciências se distinguem da tradição do filosófico se legitimando através da escrita, e a tradição oral se vinculou às sociedades pré-modernas, periféricas, atrasadas, deixando o audível em segundo plano. As ciências adotaram como ponto de referência o olhar científico. Desde então vivemos numa sociedade oculocêntrica.

Antes do século XIX o som era estudado somente como linguagem ou música, idealizando a música, vinculando-a a Deus e à harmonia do universo. Quando no século XIX se popularizou o conceito de frequência, previamente desenvolvido por personalidades como Descartes ou Bernoulli, se começou a estudar o som como uma forma de vibração, dando origem à física, à acústica, à otologia e à fisiologia. O audível de alguma forma se legitimou ao inscrever-se no discurso racionalista científico.

Na medicina, assim como na filosofia, a visão foi estudada antes da audição. Segundo Sterne, este fato se deveu em parte à dificuldade de se acessar as pequenas estruturas do ouvido e à dificuldade de estuda-las em corpos humanos, situação que somente se normalizou a partir do século XIX, quando os médicos finalmente tiveram permissão para realizar dissecções em cadáveres e puderam observa-las.[184]

A semiologia médica, um dos corpus de conhecimento mais valiosos da prática médica, que dota os médicos das ferramentas de observação para diagnosticar complexas patologias, se desenvolveu principalmente baseada na observação ocular. Graças ao estudo da semiologia, nós médicos diagnosticamos observando a postura, a forma de caminhar, a cor da pele, o ritmo da respiração, os olhos, os movimentos e um sem fim de características físicas e psicológicas das pessoas. Ainda que a semiologia também atenda a fenômenos sonoros, como o ritmo cardíaco, o som da respiração ou o timbre da voz, a maior parte da nossa avaliação é visual.

Sin embargo, fue justamente, una herramienta para escuchar, una de las claves para la profesionalización de la medicina. A partir de la incorporación del estetoscopio, la medicina pasó de ser puramente teórica a ser perceptual. Auscultar al paciente, escuchar e interpretar los sonidos de su cuerpo, se convirtió en una habilidad necesaria para los médicos.

No entanto, uma das chaves para a profissionalização da medicina foi justamente uma ferramenta para escutar. A partir da incorporação do estetoscópio, a medicina passou de ser puramente teórica a ser perceptual. Auscultar o paciente, escutar e interpretar os sons de seu corpo, se converteu numa habilidade necessária para os médicos.

Mesmo que Hipócrates já tivesse escrito sobre a

importância da auscultação imediata, que consistia colocar o ouvido diretamente sobre o corpo do paciente, e em 1761 Leopold Auenbrugger, em seu *Inventum novum*,[185] advogava o uso da percussão, que requeria a interpretação dos sons produzidos pela percussão de zonas específicas do corpo. Antes da invenção do estetoscópio e da auscultação mediada – realizada através de um instrumento – o médico dependia exclusivamente da observação visual e da narração do paciente para elaborar o diagnóstico. A voz audível do paciente, a história que contava e a observação visual eram as informações mais importantes para o diagnóstico.

A partir da incorporação do estetoscópio e do desenvolvimento da capacidade de relacionar certos sons do corpo percebidos através do estetoscópio, com patologias, os sons internos do corpo se converteram na fonte mais importante de informação para o diagnóstico, e a voz passou a ser importante apenas por suas características tímbricas, ou seja, é analisada pelo tipo de som que produz.

Quando em 1816 René Laennec escreveu que através de um tubo de papel enrolado sobre o peito do paciente podia escutar melhor os sons do coração, sua inovação não foi a invenção do tubo em si, e sim sua capacidade de relacionar os sons do corpo, das vísceras e dos órgãos internos com possíveis patologias. A partir desse momento iniciou uma série de observações que culminariam com a publicação de seu *Tratado de auscultación mediada*,[186] livro fundamental no qual, pela primeira vez, relaciona o som auscultado com patologias do pulmão, do coração e da cavidade torácica.

Escutar se tornou essencial para os médicos. O estetoscópio permitia escutar o que não se podia ver, os sons se converteram em sinais que indicam saúde ou doença, e os médicos se viram na necessidade de refinar o sentido do ouvido, de desenvolver habilidades auditivas para fins científicos. O audível se racionalizou.

Os sons do corpo também têm uma longa relação com a música e as artes. As batidas do coração, esses sons rítmicos que ao longo da história forma metáfora do amor e das emoções da vida, foram descritos pela primeira vez pelo médico grego Praxagoras de kis (340 a.C), e mais tarde por Erasistrus (304-250 a.C). No entanto, foi Herofilus (335-280 a.C) quem deduziu que o pulso era o resultado da contração e dilatação das artérias, sendo o primeiro a se referir a suas características musicais.

Suas teorias, que outorgavam métrica musical ao pulso, tiveram um impacto considerável na criação musical durante a Idade Média e o Renascimento, quando personalidades como Boecio (480-524 d.C), distinguiam três tipos de música: a música mundana, proveniente da esferas celestiais; a música humana, determinada pelo pulso, a respiração e as batidas do coração; e a música instrumentis, o único tipo de música que os humanos conseguiam escutar.

O coração se converteu, desde então, em motivo recorrente na arte, se associando ao amor, à bondade e às virtudes cristãs. A partir do século XX, graças às tecnologias digitais, as batidas do coração foram utilizadas para criar obras de arte interativas que conectam corpo, emoção, criatividade e música. Um exemplo recente é a Orquestra de Câmara do Coração (*Heart Chamber Orchestra*), espetáculo audiovisual formado por 12 músicos clássicos e o duo de artistas *Terminalbeach*. Integrando as batidas do coração a um software de composição e visualização em tempo real, os músicos podem interpretar as partituras produzidas por seus próprios corações.[187] A criação desta orquestra é um exemplo da chamada arte biométrica, que se baseia nos sons e formas do corpo para produzir arte, uma verdadeira fusão de saberes que reflete a interdisciplinaridade à qual estamos retornando no séc. XXI. A análise biométrica permite criar música baseada em dados extraídos do corpo, porém também abre uma porta para facilitar o diagnóstico médico.[188]

Aproveitando a sensibilidade que nós humanos temos para diferenciar variações sonoras, bioquímicos da Michigan State University inventaram a análise musical da urina,[189] uma forma interpretação que permite que, por exemplo, médicos com incapacidade visual analisem os resultados, bem como aqueles que que estejam praticando uma cirurgia e estejam com as mãos e os olhos ocupados. A análise musical proporciona uma alta especificidade, porque nós humanos somos mais sensíveis às variações tonais que às numéricas. Esta foi a razão que impeliu a geneticista Susumo Ohno a converter as sequências de DNA em seus equivalentes musicais, lhe permitindo descobrir padrões genéticos

genéticos que de outra forma teriam sido elusivos.[190,191]

O corpo é literalmente uma sinfonia, um conjunto de sons que hoje podemos escutar graças a experimentos que converteram nossos sinais elétricos e movimentos musculares em música por meio de um simples instrumento eletrônico conhecido como *Biomuse*.[192]

Digiti Sonus, instalação artística que transforma as impressões digitais em som, demonstrou também que nossos corpos são música. A instalação utiliza algoritmos para que a audiência explore suas identidades sônicas através de sons únicos gerados pelos padrões de suas digitais. O mais interessante é que os participantes podem manipular os sons, experimentando suas identidades sonoras.[193]

Segundo Yoon Chung Han: "Dada a capacidade do sistema auditivo para localizar o som no espaço tridimensional é provável que a sonorização das impressões digitais possa servir como uma técnica eficaz para a representação de dados biométricos complexos."[194]

Yoon Chung Han e Byeong-jun Han também realizaram experimentos, transformando em som os diversos padrões e características da pele. Os artistas segmentaram o corpo em suas diferentes partes: cabeça, pescoço, braços, pernas, peito e pelvis. Para sonorizar as diferentes características da pele, empregaram um algoritmo para promediar os pixels de cor específicos de cada zona do corpo, e então atribuíram a cor promédia a uma classificação de frequência pré-definida. Desta forma, uma pessoa pode explorar a pele de todo o seu corpo e examinar as diferentes representações sonoras resultantes.

Estes experimentos abrem muitíssimas possibilidades para o futuro e permitem formas de conhecer o corpo que ainda não exploramos. Podemos escutar o som de nossa pele, nossos olhos, mãos, cabelos, e seguramente também poderemos diferenciar entre os sons da saúde e da doença. Estas tecnologias abrem a porta para um sem-fim de possibilidades terapêuticas. Se os órgãos soam de maneira diferente na saúde e numa enfermidade, por que não pensar em mudar as frequências sonoras dos órgãos doentes para que soem como os órgãos sãos?

Se, assim como demonstraram Pelling, Gralla e Gimzewski[195,] as células cantam, o que impediria de levá-las a vibrar na frequência da saúde? As possibilidades são infinitas!

Os sons próprios, os dos outros e os do ambiente definem quem somos e nos situam sócio-historicamente. Podemos criar música a partir dos sons do corpo e também a partir dos sons do ambiente em que nos encontramos. O ato em si de escutarmos e de escutar os sons que nos rodeiam é terapêutico, nos conecta com o entorno, nos enraíza no aqui e agora. Ao escutar nos abrimos para o mundo, dirigimos nossa atenção ao outro e iniciamos uma relação com o exterior. Como diz Gadamer, "quem escuta está fundamentalmente aberto. Sem essa abertura para o outro é impossível desenvolver uma relação humana genuína. Estar juntos significa estar aberto a escutar o outro."[196]

Capítulo 9

MÚSICA E CRIATIVIDADE

Uma das primeiras associações que fazemos quando pensamos em música e criatividade é com a figura do compositor. Eles têm a capacidade de criar música que representa e revela os valores, desejos e preocupações de uma sociedade num momento histórico determinado, e converter suas emoções e experiências em sons cheios de significado.

Como eles conseguem criar obras com as quais se identificam gerações inteiras? São gênios dotados de talentos excepcionais? São pessoas especiais?

Na Grécia Antiga se pensava que quem realizava atividades ou criava produtos que hoje consideramos criativos, estavam possuídos por um espírito ou inspirados pelas musas.[197] Durante a Idade Média a criatividade era um dom Deus, e provinha da inspiração divina.[197] No período romântico se atribuiu a criatividade a seres superdotados, pessoas que eram de alguma forma especiais.

Pesquisas iniciadas no séc. XX mostraram que a criatividade está ao alcance de todos, e que as grandes conquistas criativas nas artes, na ciência ou nos esportes não se devem unicamente ao talento ou à genialidade: são em grande parte o resultado da constância, do estudo e da prática de anos. Nada define melhor que a afirmação de Picasso: "A inspiração existe, porém tem que nos encontrar trabalhando".

Definida como a capacidade de um indivíduo para produzir algo novo, original, apropriado e valioso para uma tarefa específica, a criatividade habitualmente é atribuída aos indivíduos,[199] ou seja, tendemos a pensar que a ideia inovadora surge exclusivamente do cérebro do indivíduo criativo. No entanto, a criatividade, como cognição, é também um fenômeno sociocultural, visto que os produtos que resultam do processo criativo são usados, apreciados, rechaçados ou incorporados pela sociedade em que são criados. Isso significa que a criatividade não se limita a um indivíduo, é um processo que se estende ao meio no qual o indivíduo desenvolve suas ideias.

Mesmo que existam características de personalidade que são associadas mais frequentemente a indivíduos criativos, como por exemplo a extroversão, a disposição para correr riscos[200] ou para buscar novas experiências,[201] a criatividade depende também de fatores como os hábitos, a motivação e as condições do meio no qual nos encontramos. Isso quer dizer que podemos desenvolvê-la, podemos cultivar os hábitos e criar o meio que a estimula.

Poderíamos pensar que a criatividade é uma característica exclusiva dos humanos, mas ela se manifesta amplamente no reino animal.[202] Hinde e Fischer descreveram como uma espécie de pássaros do Reino Unido, para subsistir, aprendeu a furar buracos nas tampas de alumínio das garrafas de leite deixadas nas portas das casas, prática que começou num lugar e se estendeu pela maior parte do país.[203]

De acordo com Wallas,[204] nos processos criativos intervêm fatores conscientes e inconscientes que se desenvolvem em diferentes etapas. Para criar passamos por uma fase de preparação e aquisição de conhecimento, fase esta que continua com a incubação da ideia. Logo depois chegamos ao esperado momento de iluminação, o momento da inovação. Na última etapa a ideia se verifica válida.

O inconsciente tem um papel muito importante na criatividade. Muitos compositores e criadores de todas as áreas narram como as ideias às vezes aparecem, brotam, como se fossem ditadas por alguém. Eu mesma, quando componho canções, às vezes me surpreendo porque elas aparecem rapidamente, de forma quase mágica, misteriosa.

Quando componho, geralmente ponho música em poemas de autores conhecidos, e sempre me pareceu estranho que, algumas vezes, quando estou lendo poemas, de repente aparece uma em que brota a música. É como se a música saltasse da página. Isso ocorre somente com alguns poemas, não com todos.

Quando, em 1997, perguntaram a Karlheinz Stckhausen o que era a intuição, ele respondeu:

> A intuição transforma cada ação normal em algo especial que nós não conhecemos. Como artesão que trabalha com sons e aparelhos, eu busco encontrar todo tipo de combinações novas. Mas quando quero criar algo que me surpreende e me comove, preciso da intuição. (...) ela chega de vez em quando, e quando chega me surpreende. Pela minha experiência a intuição vem de um mundo superior.[205]

O compositor Pierre Boulez dizia que os componentes fundamentais da criatividade são a imaginação e a inteligência: "Os processos criativos não existem sem a imaginação, mas tampouco existem sem o treinamento das habilidades para criar."[206]

Quando perguntaram ao compositor Lucas Foss o que era uma ideia, ele respondeu: "Uma ideia surge quando há o caos e, de repente, há relações; quando encontram um significado onde você olhou antes e parecia haver apenas desordem".[207]

Foss estava se referindo ao pensamento divergente, um tipo de pensamento que gera ideias criativas diante da exploração de muitas possíveis soluções. É um tipo de pensamento que, ao contrário do pensamento lógico, que busca uma só solução correta baseada em conhecimentos prévios, geralmente ocorre de forma espontânea, de modo fluido, conseguindo que muitas ideias se gerem em pouco tempo, conectando coisas inesperadas.

Isto explica porquê Einstein, quando tinha um problema difícil de resolver, se fechava para tocar violino, instrumento que tocava desde os seis anos de idade. O físico afirmou que sua própria teoria da relatividade havia lhe ocorrido por intuição, e que sua descoberta foi resultado de sua percepção musical.[208]

Edgar Varèse, reconhecido compositor italiano, afirmava que sua inspiração provinha da matemática e da astronomia, porque estas estimulavam sua imaginação e lhe davam a impressão de movimento e ritmo. Filho de um engenheiro, Varèse estudou desde pequeno numa escola especializada em matemática e ciências. Nela ele descobriu Leonardo da Vinci e se interessou pelo estudo do som.

> Quando eu tinha uns vinte anos, me deparei com uma definição de música que me transformou. Josef Maria Hoene-Wrónski, físico, químico, musicólogo e filósofo polonês da primeira metade do século XIX, definiu a música como "a corporificação da inteligência que está nos sons". Foi esta definição a primeira que me fez pensar na música como algo espacial, como corpos de som em movimento no espaço, concepção que gradualmente tornei minha.[209]

Da perspectiva da física, a música, e por extensão todos os sons, são considerados em termos de vibração como uma energia que vibra através de um meio e se transfere para o nosso corpo e nossos sentidos.[210] A vibração ativa nosso sistema auditivo, o tato[211] e o sistema vestibular do ouvido interno. A partir do momento em que percebemos o som lhe atribuímos um valor estético, o situamos culturalmente e o classificamos como música ou ruído, como belo ou feio.

A história da música está intimamente ligada à física. Contam que quando Einstein conheceu a teoria quântica de Max Planck, prêmio Nobel de física em 1918 e dotado pianista e violoncelista, proclamou que era "a forma mais alta de musicalidade na esfera do pensamento".

Poderíamos citar centenas de exemplos de cientistas-músicos e músicos-cientistas que passaram para a história por suas geniais contribuições, todas feitas possíveis graças a uma formação que lhes permitiu desenvolver o pensamento divergente.

Root-Bernstein afirmou que a criatividade é uma expressão do "talentos correlativos", ou seja, destrezas ou habilidades de diferentes áreas que podem se integrar para produzir resultados surpreendentes e inovadores.[212]

O pensamento criativo é transdisciplinar e transferível de um corpo a outro. As habilidades relacionadas com a música, como a formação e reconhecimento de padrões, a habilidade sinestésica, a imaginação, a sensibilidade estética, o ritmo, a capacidade de interpretar e expressar emoções e a compreensão da música mesma, unidas à disciplina que ela exige, têm sido componentes importantes dos talentos correlativos de muitos cientistas famosos.[213]

O médico Hector Berlioz (1803-1969) é reconhecido como um dos compositores mais inovadores do séc. XIX.

Aleksandr Borodin (1833-1987), respeitado médico e químico e fundador da Escola de Medicina para Mulheres de São Petersburgo, entrou para a história como um dos grandes compositores nacionalistas russos, integrante do *Grupo dos Cinco*.[214] A médica estadunidense Victoria Apgar (1909-1974), reputada anestesista e obstetra e criadora da *Escala de Apgar* – teste que se realiza em todos os bebês quando nascem para avaliar sua saúde neurológica – tocava violino desde pequena, e aprendeu a construir instrumentos. Camille Saint-Saëns (1835-1921), além de compositor foi um ávido astrônomo; Edwar Elgar (1857-1934), não só se destacou como compositor como também foi químico com várias patentes registradas. O astrônomo anglo-alemão William Herhel (1738-1822), descobridor doplaneta Urano, desenvolveu uma importante carreira como compositor e apoiou sua irmã Caroline Herschel (1850-1948) para que se formasse como cantora depois como astrônoma. Caroline descobriu vários cometas e foi pioneira em muitos aspectos, sendo a primeira mulher a receber um salário como cientista e a primeira a ser nomeada membro da Academia Real de Astronomia. O conhecido guitarrista e compositor *Queen* Brian May (1947), é doutor em astrofísica com vários escritos publicados em sua área. O cardiologista e compositor Richard Bing afirmava que suas descobertas eram o resultado de sua formação transdisciplinar. Prêmios Nobel, como o neuroanatomista e artista plástico Santiago Ramón e Cajal e o imunologista e novelita Charles Richet, afirmaram que os grandes avanços da ciência não se devem a especialistas monotemáticos, mas a pessoas com um leque amplo de interesses e passatempos.[215]

Está demonstrada a necessidade de desenvolver hobbies, de privilegiar o estudo da música e das artes, não como matérias acessórias, mas como matérias centrais, essenciais para o desenvolvimento cognitivo e para a criatividade. Esta afirmação é constatada por diversos estudos realizados em milhares de estudantes que se destacam em ciência e matemática, que mostraram que os fatores mais importantes para predizer seu sucesso profissional não eram, como poderíamos imaginar, seu coeficiente intelectual ou seus resultados acadêmicos. Os fatores determinantes eram a presença ou ausência de atividades cognitivamente desafiantes no seu tempo ocioso.[216]

Com tantas evidências, só me resta convidá-lo, querido leitor, a encher sua vida de música, a iluminar todos os espaços de seu cotidiano com sons, a aprender um instrumento ou a cantar. Podemos desenvolver hábitos e ambientes que estimulem o pensamento criativo e inovador, e viver uma vida mais plena e saudável. Ponha atenção nos sons do seu ambiente, caminhe com os ouvidos abertos, atento ao canto dos pássaros, ao vento que embala os arbustos da sua varanda, aos vizinhos que cantam, à música que você encontra em seus passeios cotidianos. Observe seu entorno, prepare seus sentidos para a criatividade. Quando tiver um bloqueio mental ou estiver cansado, pare, escute música, respire fundo, dance.

Se for músico, improvise, deixe de lado a partitura, explore os sons do seu instrumento.

A cognição e os processo criativos interagem com o ambiente, se corporificam. Isso significa que o ambiente em que você vive e os hábitos que você cultiva se manifestam em seus processos de pensamento e em seu ser criativo.

Capítulo 10

SAÚDE GLOBAL, PANDEMIA E E O EXEMPLO DAS ORQUESTRAS

Não existe melhor exemplo de trabalho em equipe e gestão de diversidade que o funcionamento de uma orquestra, um coro, um grupo de teatro ou de música. Eles representam a metáfora perfeita de como deveria funcionar a sociedade. Cada instrumento, cada integrante de um coro tem uma voz única, uma impressão digital, um selo de identidade. No entanto, apesar das diferenças nas formas e sons dos instrumentos, todos se unem para tocar uma peça, cada um contribuindo com o que o faz único, escutando a todos os outros, seguindo um ritmo e uma melodia compartilhada, todos unidos por um fim comum. O que cada um faz afeta o resultado global.

Definir a saúde é muito complexo. Frequentemente caímos no erro de achar que somos saudáveis quando nada nos dói, quando não estamos tomando nenhum remédio ou não temos visitas ao médico. Podemos também cair no erro de achar que a saúde é algo individual, algo que se passa comigo, desconectado do que me rodeia. Esta concepção individualista da saúde é um reflexo dos valores de uma sociedade na qual todos competimos contra todos, onde impera a lei do mais forte, do salve-se quem puder: enquanto eu estiver bem, o resto não importa.

Esta forma de pensar pode ser observada em todos os níveis, desde os governos, que administram suas fronteiras e implantam políticas protecionistas que beneficiam somente a eles mesmos sem se importar com as consequências nefastas em outras partes do mundo, até os mecanismos de produção que ferem gravemente o meio ambiente, a venda de armas ou drogas que aniquilam milhões de seres humanos, as corrupções grandes e pequenas, nossos hábitos de consumo diário, a dieta, as roupas e as viagens. É difícil encontrar uma área da existência humana que não esteja contaminada pelo individualismo capitalista. A saúde e o próprio corpo, como primeiro território ao qual tenho acesso e controle, não poderiam ser exceção.

Para entender a saúde e a doença, necessariamente devemos ter um olhar holístico que integre o indivíduo em seus aspectos físico e emocional, ao ecossistema que este habita e ao seu meio ambiente cultural e social. Ou seja, a saúde e o bem estar só podem ser alcançados quando existe um equilíbrio biopsicossocial que reconhece que o indivíduo e o ambiente que este habita são inseparáveis, interdependentes.

Uma das evidências mais recentes que temos da concepção individualista e, por que não dizer, egoísta da saúde, nós a estamos vivendo durante a pandemia de COVID19. Graças ao extraordinário avanço da ciência e das comunicações, durante esta pandemia – a mais recente de uma longa série que a humanidade viveu desde que se tem registro – se identificaram rapidamente os mecanismos de transmissão e as medidas de contenção do vírus, que foram informadas com celeridade a grande parte da população mundial. Foi demonstrado que medidas tão simples quanto usar máscaras ou lavar as mãos são as mais importantes.

Uma das grandes aprendizagens durante a pandemia tem sido o fato de que nossas ações tem repercussão na vida e na saúde dos que nos rodeiam. Meus hábitos impactam diretamente na saúde dos meus vizinhos, dos meus amigos, das pessoas do meu país, do mundo e do planeta. O grande ensinamento é que esta situação não se limita à transmissão de um vírus, mas se estende a todas as áreas da vida.

Apesar de a conclusão parecer óbvia, durante a pandemia, mesmo com toda evidência, milhões de pessoas em todo o mundo deixam de cumprir as medidas preventivas. Entrevistas realizadas com quem não usa máscara revelam que estes pensam que estão exercendo sua liberdade, que não há problema porque, afinal, é sua vida que ele está arriscando:

"se eu fico doente é problema meu, não seu". Esta forma de analisar a situação reflete a concepção individualista da doença, que põe o eu no centro, um eu isolado, desconectado do ambiente.

Ao contrário, o indivíduo que se reconhece como parte de uma comunidade sabe que suas ações e hábitos impactam aos que o rodeiam, ao seu meio ambiente, à sua comunidade, ao seu país e à terra, é consciente do seu impacto social em escala local e planetária.

Como podemos interiorizar desde a infância essa consciência quando vivemos num mundo que promove o individualismo? A música e as artes são novamente a resposta.

Existem muitos casos nos quais a participação em atividades artísticas foi usada com sucesso para mobilizar comunidades, incluir e empoderar populações marginalizadas, educar sobre temas relacionados com a saúde ou conscientizar sobre hábitos saudáveis. Por ser ferramenta de representação dos valores da comunidade, as artes são críticas para a educação e a saúde dos indivíduos e das comunidades em escala global.

Do ponto de vista da saúde pública, a pandemia também impele os governos a uma mudança de paradigma necessário, que transcende os interesses do local e se preocupa em fomentar a equidade e o acesso à saúde de todos os povos do mundo. A necessidade de adquirir a imunidade de rebanho para conseguir erradicar a pandemia, forçosamente fez com que países ricos vissem a premência de ajudar os países mais desfavorecidos, não como um ato de generosidade ou de caridade, mas como um passo indispensável para sua própria saúde pública. De nada serve ser um país rico com toda sua população vacinada se uma parte do mundo não está, porque o vírus não terá sido erradicado.

Passamos de um paradigma de "saúde pública" na qual e planejam políticas focadas em temas que afetam a saúde de comunidades locais de cidades ou de países, a um paradigma de "saúde global, que se centra nos temas que afetam direta ou indiretamente a saúde das comunidade e que transcendem as fronteiras nacionais.

O paradigma de saúde global requer um alto nível de cooperação entre governos e tem como objetivo principal conseguir acesso à saúde igualitária, justa. Por sua complexidade, o paradigma da saúde global requer necessariamente uma aproximação transdisciplinar que se estende para além das ciências da saúde.

Ao reconhecer que a saúde ou a doença também são fatos culturais, uma aproximação global integrará as humanidades e as artes como ferramentas indispensáveis. Já não serão possíveis as intervenções arrogantes na saúde pública, nas quais um agente do sistema de saúde chega a uma comunidade para ensinar ou impor hábitos totalmente descontextualizados ou incoerentes com as pessoas e seus territórios. Serão necessárias aproximações ecológicas que reconhecem a relação entre o indivíduo, seu contexto social e o meio ambiente que habita.

Neste contexto, a música, além de seus efeitos positivos na

saúde pessoal e coletiva, serve como recurso dos indivíduos e comunidades para aprender e incorporar hábitos, para expressar descontentamento social, para curar as relações da comunidade, conectar as gerações e, em geral, favorecer a saúde física e emocional. Vista assim, a música é parte essencial do ecossistema da saúde, fundamental para o desenvolvimento do indivíduo e da comunidade em escala local e global.

Esta compreensão deveria ser suficiente para incorporar a música e as artes à vida de todas as pessoas e às políticas de governo. Deveria bastar para que os investimentos destinados às artes e às humanidades fossem de igual importância aos destinados às ciências. Deveria bastar para que os governos iniciassem campanhas para incentivar a participação das crianças nas artes e nas humanidades, e agradecer pelo fato das meninas se inclinarem a elas, ao invés de desencorajá-las. Deveria ser suficiente para que o acesso à expressão musical fosse visto como um direito, assim como o proclamam os Cinco Direitos Musicais promulgados pelo Conselho Internacional de Música.

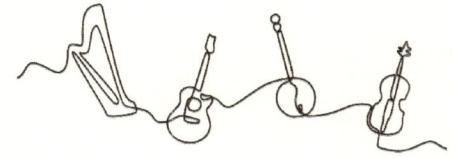

LIVRO DE EXERCÍCIOS

Com certeza depois de ter lido o livro e compreendido a importância que tem a música para sua saúde física, emocional e social, você estará animado para incorporá-la na sua vida e usá-la conscientemente para melhorar sua saúde e se sentir mais feliz.

Por essa razão, nesta seção eu te proponho realizar exercícios baseados em alguns dos estudos que fundamentaram minha pesquisa. Refletir sobre o papel da música na sua vida, criar listas de reprodução com suas canções favoritas ou com a música que se associa aos seus diferentes estados emocionais. Este exercício certamente te ajudará a se conhecer melhor, a se encontrar com quem você foi, a pensar em quem você quer vir a ser, a se preparar para a sua morte e a dos seus entes queridos. Com certeza você também vai se divertir fazendo esses exercícios. Comecemos!

1
A TRILHA SONORA DA SUA VIDA

EXERCÍCIO AUTOBIOGRÁFICO

Nesta seção eu te convido a refletir sobre a música que te acompanhou ao longo da sua vida. Desde a sua infância até o presente, registraremos a música que está vinculada à sua história, aos seus sonhos e seus valores. No final da seção eu te convido a criar uma lista no Spotify com sua música favorita e compartilha-la nas redes sociais com uma Hashtag *#somosoqueescutamos*.

A. Relacione as canções mais importantes da sua infância.

_____
_____
_____
_____
_____
_____
_____

B. Relacione a música da sua adolescência, as canções e a trilha sonora que marcaram essa etapa da sua vida.

_____
_____
_____
_____
_____
_____
_____

C. Relacione as obras musicais que te acompanharam na tristeza.

_____
_____
_____
_____
_____
_____

D. Relacione as obras musicais que te acompanharam nos momentos felizes da sua vida ou a música que mais te fazia feliz.

_____
_____
_____
_____
_____
_____

E. Relacione as obras musicais que mais te relaxam, te ajudam a estar em paz consigo mesmo ou te dão paz interior.

_____

_____

_____

_____

_____

_____

F. Relacione as obras musicais que você vai deixar para seus filhos e seus netos.

_____

_____

_____

_____

_____

_____

G. Relacione as obras musicais que você gostaria que tocasse no seu funeral.

_____
_____
_____
_____
_____
_____

H. Liste as dez músicas que acompanharam os momentos mais importantes de sua vida e escreva por que cada uma delas é importante. Crie uma lista de reprodução no Spotify ou Youtube com as versões que você mais gosta.

1._____
_____
_____

2._____

_____

_____

3._____

_____

_____

4._____

_____

_____

5._____

_____

_____

6._____

_____

_____

7._____
_____

8._____
_____
_____

9._____
_____
_____

10._____
_____
_____

Lembre-se, compartilhe suas listas de reprodução nas redes sociais com a hashtag *#somosoqueescutamos*

2
EXERCÍCIO DE CRIAÇÃO: SUA ESSÊNCIA NA MÚSICA

A criação ou composição de canções está ao alcance de todos. Você não tem de ser um músico profissional para escrever um texto que reflete quem você é, seus valores, aspirações, sonhos, tristezas, perdas e desejos. O exercício de criação é um convite para refletir sobre os seus valores e as características que te definem, e também uma oportunidade para imaginar o que você quer vir a ser, os hábitos que você quer desenvolver e as relações que quer fortalecer.

Este exercício autobiográfico é muito poderoso. Através dele podemos nos reconciliar com quem somos, nos perdoar e, inclusive, nos preparar para a nossa morte e a dos nossos entes queridos.

ESCREVA AS CANÇÕES QUE EXPRESSEM A SUA ESSÊNCIA

A. Escreva uma canção que expresse seus valores e sua visão da vida.

_____
_____
_____
_____
_____
_____
_____
_____
_____
_____
_____
_____
_____
_____
_____
_____
_____

B. Escreva uma canção na qual você descreve a pessoa que quer vir a ser

3

PAISAGENS SONORAS
OS SONS DO SEU COTIDIANO

Vivemos imersos num mar de sons. Mesmo que a maior parte do tempo o ignoremos, estamos constantemente atravessados pelas vozes das outras pessoas, do barulho dos carros, dos pássaros, do vento, dos gritos de vendedores ambulantes, do metrô, das sirenes, das conversas das pessoas na rua, dos diferentes aparelhos que temos em casa e dos animais. O meio ambiente que nos rodeia soa. Até mesmo quando pensamos que estamos em silêncio num lugar remoto estamos acompanhados do som do vento, das cigarras, das folhas das árvores, do mar. Os sons que nos rodeiam determinam nosso estado de ânimo e nos afetam em níveis que, a maior parte do tempo, não estamos conscientes, porém estão presentes. Este exercício busca nos tornar conscientes desta realidade, e nos ajudar a habitar espaços sonoros saudáveis. Também procura te conscientizar que os sons de um lugar são sua impressão digital, sua identidade. Cada lugar no mundo, em cada momento histórico, assim como cada pessoa diferente, tem seu próprio som.

A. Os sons do dia-a-dia.

_____
_____
_____
_____
_____
_____

B. Os sons da cidade.

_____
_____
_____
_____

C. Os sons dos seus espaços naturais favoritos.

_____
_____
_____
_____
_____
_____
_____
_____
_____

Lembre-se, compartilhe suas músicas e experiências nas redes com a hashtag *#somosoqueescutamos* e siga Patricia Caicedo no Spotify onde encontrará centenas de playlists.

Siga-a também no Instagram em sua conta
@patriciacaicedobcn

BIBLIOGRAFIA

1. Three initiates, (2009). *The Kybalion: A Study of the Hermetic Philosophy of Ancient Egypt*. Mineola, New York: Dover Publications Inc.

2. Requena Rodríguez, A. (2008). "Nada está inmovil; todo se mueve; todo vibra". Academia de Ciencias de la Región de Murcia, Internet [https://www.um.es/acc/nada-esta-inmovil-todo-se-mueve-todo-vibra/]. Consultado 5 de mayo, 2020.

3. Pelling AE, Sehati S, Gralla EB, Valentine JS, Gimzewski JK. (2004). "Local nanomechanical motion of the cell wall of Saccharomyces cerevisiae", *Science*. 2004 Aug 20;305(5687):1147-50.

4. Reuters (2020). "Coronavirus, the musical" en Medscape. Internet [https://www.medscape.com/viewarticle/929061]. Consultado 3 de mayo, 2020.

5 Darwin, C. (1872). *The expression of the emotions in man and animals.* London: John Murray.

6 Steven Mithen (2005). *The Singing Neanderthals: The Origins of Music, Language, Mind, and Body*. Cambridge: Harvard University Press.

7. Levitin, D. (2008). *The World in Six Songs: How the Musical Brain Created Human Nature*. New York: Dutton/Penguin and Toronto: Viking/Penguin.

8. Roosth, Sophia. (2009) "Screaming Yeast: Sonocytology, Cytoplasmic Milieus, and Cellular Subjectivities." *Critical Inquiry*, vol. 35, no. 2: 332–350. JSTOR, www.jstor.org/stable/10.1086/596646.

9. Pelling AE, Sehati S, Gralla EB, Valentine JS, Gimzewski JK. (2004). "Local nanomechanical motion of the cell wall of Saccharomyces cerevisiae", *Science*. 2004 Aug 20;305(5687):1147-50.

10. Begouëm, M. y Breul, H. (1934). "De quelques figures hybrides (mi-humaines et mianimales) de la caverne des Trois-Frères (Ariège)." *Revue Anthropologique*, vol. XLIV, n° 4-6, p. 115-119.

11. Vitebski, P. (1996). *The Shaman: Voyages of the Soul. Trance, Ecstasy and Healing from Siberia*. Macmillan and Duncan Baird Publishers.

12. Sibbing Plantholt, I. (2017). "The image of divine healers: Healing goddesses and the legitimization of the Asû in the Mesopotamian Medical Marketplace". Ph.D. Diss. University of Pennsylvania.

13. Aristotle. *Politics in The Complete Works of Aristotle: The Revised Oxford Translation*, ed. Jonathan Barnes, 2 vols. Princeton, NJ: Princeton University Press, 1983, Book VIII, 1338b 1, 2122.

14. West, M. (2000). "Music Therapy in Antiquity," in *Music as Medicine: The History of Music Therapy Since Antiquity*, ed. Peregrine Horden. Burlington, VT: Ashgate Publishing Limited, 56.

15. Portnoy, J. (1954). *The Philosopher and Music: A Historical Outline*. New York: The Humanities Press: 8.

16. Porfirio (1987). *Vida de Pitágoras ; Argonáuticas órficas ; Himnos órficos*. Introducción y traducción Miguel Periago Lorente. Gredos. Madrid. 1987.

17. Istambouli, M.N. (1981). 'The history of Arabic Medicine based on the work of Ibn Abi Usaybeiah 1203 - 270". Ph.D. Diss. Loughborough University of Technology.

18. Khan, Hazrat. I. (1996). *The Mysticism of Sound and Music. The Sufi Teaching of Azrat Inayat Khan*. Boston: Shambhala Dragon Editions, 9.

19. Salmen, W. (1980) "Geisslerlieder", in *The New Grove Dictionary of Music and Musicians*, ed. Stanley Sadie. 20 vol. London: Macmillan Publishers Ltd.

20. Ficino, M. (1980). *The Book of Life*, trans. Charles Boer. Dallas: Spring Publications, Inc.,1980.

21. Voss, A. (2002). "Marsilio Ficino, the Second Orpheus," en *Music as Medicine: The History of Music Therapy Since Antiquity*, ed. Peregrine Horden. Burlington, VT: Ashgate Publishing Limited, 155.

22. Zarlino, G. (1998). "Istitutioni harmoniche", en *Source Readings in Music History*, ed. Oliver Strunk. New York: W.W. Norton Company, 294.

23. IBID, 296.

24. Hall, S.K. (2017) "The Doctrine of Affections: Where Art Meets Reason," *Musical Offerings*: Vol. 8 : No. 2 , Article 2.

25. Fink, H.J. (1953). "The Doctrine of Affections and Handel: The Background, Theory, and Practice of the Doctrine of Affections With a Comprehensive Analysis of the Oratorios of G.F.Handel". PhD diss., Western Reserve University: 116.

26. Bertrand, A. "Descartes's Compendium of Music," *Journal of the History of Ideas* 26, No. 1 (Jan-March 1965): 128-129.

27. Gouk, P. (2004), "Raising Sprits and Restoring Souls: Early Modern Medical Explanations for Music's Effects," in *Hearing Cultures: Essays on Sound, Listening and Modernity,* ed. Veit Erlmann. New York: Berg Publishers, 92.

28. Monk, E. S. (2010). A Case for Music as Therapy: "Healing and Purgation," and the Expressiveness of Music from Antiquity through the Eighteenth Century. Bachelor of Arts Diss. Presbyterian College.

29. Agrawal,S. R. (2005) "'Tune thy Temper to these Sounds': Music and Medicine in the English Ayre". PhD diss., Northwestern University, 30.

30. Gouk, P. (2002). "Sister Disciplines? Music and Medicine in Historical Perspective." In *musical Healing in Cultural Contexts.* Burlington, VT: Ashgate Publishing Limited.

31. Alvin, J. (1966). *Music Therapy.* New York: Basic Books Inc.

32. Browne, R. (1728). *Medicina Musica: A mechanical essay on singing, musick and dancing containing their uses and abuses; and demonstrating, by clear evident reasons, the alterations they produce in a human body.* London: J. Pemberton, 1727: 2.

33. Brocklesby, R. (1749). *Reflections on ancient and modern music, with the application to the cure of diseases. To which is subjoined, an essay to solve the questions, wherein consisted the difference of antient musick, from that of modern times.* London: M. Cooper, 1.

34. https://www.musictherapy.org/about/history/

35. O'Neill Kane, E. (1914). "Phonograph in operating-room", J*ournal of the American Medical Association,* vol.62, no.23, p. 1829.

36. Burdick, W. P. (1915). "The use of music during anesthesia and analgesia". in F. H. McMechan (Ed.), *The American year-book of anesthesia & analgesia.* New York: Surgery Publishing Company: 164- 167.

37. Bernardi L, Porta C, Sleight P. (2006). "Cardiovascular, cerebrovascular, and respiratory changes induced by different types of music in musicians and non-musicians: the importance of silence." In *Heart* 92: 445- 452

38. Levin, T. and Edgerton, M. E. (1999). "The Throat Singers of Tuva", *Scientifical American,* September, 80-87.

39. Levin, T. (2019). *Where Rivers and Mountains Sing: Sound, Music, and Nomadism in Tuva and Beyond.* Indiana University Press.

40. Simonett, H. 2014. "Envisioned, Ensounded, Enacted: Sacred Ecology and Indigenous Musical Experience in Yoreme Ceremonies of Northwest Mexico." *Ethnomusicology* 58 (1): 110–132.

41. Schlaug, G. (2008). *Music, Musicians, and Brain Plasticity.* Oxford Handbooks. Online. Web.

42. Leeds, J. (2010). *The power of sound: How to be healthy and productive using music and sound.* Rochester, VT: Healing Arts Press.

43. Rieger, A. (2016). "Crossmodal cognition". Doctoral Diss. Dartmouth College.

44. Sagiv, N., & Frith, C. D. (2013). *Synesthesia and Consciousness.* Oxford Handbooks Online.

45. Cytowic, Richard E. (2002). *Synesthesia: A Union of the Senses.* Cambridge, MA: A Bradford Book.

46. Triarhou, L. C. (2016). "Neuromusicology or Musiconeurology? "Omni-art" in Alexander Scriabin as a Fount of Ideas". *Frontiers in Pshycology.* Vol.7, Article 364, March 2016.

47. Köhler, W. (1929). *Gestalt Psychology.* New York: Liveright.

48. Sievers, B. & Polansky, L. & Casey, M. & Wheatley, T. (2012). "Music and movement share a dynamic structure that supports universal expressions of emotion". *Proceedings of the National Academy of Sciences of the United States of America.* 110. 10.1073/pnas.1209023110.

49. Verhaeghen, P. (2011). "Aging and Executive Control: Reports of a Demise Greatly Exaggerated." *Curr Dir Psychol Sci*, 20(3), 174-180.

50. Bengtson, V. L., Gans, D., Putney, N. M., & Silverstein, M. (2009). *Handbook of Theories on Aging* Vol.2

51. Parasuraman, A., Zeithaml, V. A., & Berry, L. L. (1998). "Alternative scales for measuring service quality: a comparative assessment based on psychometric and diagnostic criteria." *Handbuch Dienstleistungsmanagement.* Springer:449-482.

52. Gazzaley, A., & Nobre, A. C. (2012). "Top-down modulation: bridging selective attention and working memory". *Trends Cogn Sci*, 16(2): 129-135.

53. Os processos de atenção envolvem quase todas as estruturas cerebrais, incluindo o córtex estriado, o córtex pré-criado, o córtex temporal medial, o córtex parietal inferior, os campos oculares frontais, o córtex pré-frontal, o giro cingulado, o núcleo pulvinaris, o núcleo. Geniculado lateral, a substantia nigra e o colículo superior.

54. Leclercq, M., & Zimmermann, P. (2004). *Applied neuropsychology of attention: theory, diagnosis and rehabilitation.* Psychology Press.

55. Gazzaley, A., & Nobre, A. C. (2012). "Top-down modulation: bridging selective attention and working memory". *Trends Cogn Sci*, 16(2): 129-135.

56. Bengtson, M., Martin, R., Sawrie, S., Gilliam, F., Faught, E., Morawetz, R., & Kuzniecky, R. (2000). "Gender, Memory, and Hippocampal Volumes: Relationships in Temporal Lobe Epilepsy". *Epilepsy Behav*, 1(2): 112-119.

57. Yinger, O. S., & Cevasco, A. (2014). "Understanding neuroscience within the field of medical music therapy" en *Medical Music Therapy: Building a comprehensive program*. Silver Spring, MD: American Music Therapy Association.

58. Gardner, H. (1985). *The Mind's New Science: A History of the Cognitive Revolution*. New York: Basic Books.

59. Fodor, J. (1983). *The Modularity of Mind*. MIT Press.

60. Pinker, S. (2009). *How the Mind Works*. New York: Norton.

61. van der Schyff, Dylan. (2013). "Music, Meaning and the Embodied Mind: Towards an Enactive Approach to Music Cognition". MA Diss. University of Sheffield.

62. Changizi, M. (2011). *Harnessed: How language and Music Mimicked Nature and Transformed Ape Into Man*. Dallas: BenBella.

63. Tomasello, M. (1999). *The Cultural Origins of Human Cognition*. Cambridge, MA: Harvard UP.

64. Kempler, D. (2005). *Neurocognitive disorders in aging*: Sage.

65. Pascual-Leone, A., & Hamilton, R. (2001). "The metamodal organization of the brain". *Progress in brain research*, 134: 427-445.

66. Small, C. (1999). *Musicking: The Meaning of Performing and Listening*. Middletown, CT: Wesleyan UP.

67. Blacking, J. (1976). *How Musical is Man?*. London: Faber.

68. Korom, Frank J. (2006). *Village of Painters: Narrative Scrolls from West Bengal*. Santa Fe: Museum of New Mexico Press.

69. Andy Clark & David Chalmers. (2008). "The extended mind" en *Analysis*, 58(1), 7-19.

70. James Gibson. (1966). *The Senses Considered as Perceptual Systems*. Boston: Houghton-Miffflin.

71. Campbell, M. R. (1991). "Musical learning and the development of psychological processes in perception and cognition". *Bulletin of the Council for Research in Music Education:* 35- 48.

72. Ortman, J. M., Velkoff, V. A., & Hogan, H. (2014). "An aging nation: the older population in the United States". United States Census Bureau, Economics and

Statistics Administration, US Department of Commerce.

73. Kramer, A. F., Humphrey, D. G., Larish, J. F., Logan, G. D., & Strayer, D. L. (1994). "Aging and inhibition: beyond a unitary view of inhibitory processing in attention". *Psych Aging,* 9(4), 491-512.

74. Hall, C. B., Lipton, R. B., Sliwinski, M., Katz, M. J., Derby, C. A., & Verghese, J. (2009). "Cognitive activities delay onset of memory decline in persons who develop dementia". *Neurology,* 73(5), 356-361.

75. Rodrigues, A. C., Loureiro, M. A., & Caramelli, P. (2013). "Long-term musical training may improve different forms of visual attention ability". *Brain Cogn,* 82(3), 229-235.

76. Lehmann, A. C., & Davidson, J. W. (2002). "Taking an acquired skills perspective on music performance." T*he new handbook of research on music teaching and learning,* 2, 542- 560.

78. Grant, M. D., & Brody, J. A. (2004). "Musical experience and dementia. Hypothesis". *Aging Clin Exp Res,* 16(5), 403-405.

78. Gaser, C. and G. Schlaug (2003). "Brain structures differ between musicians and nonmusicians." J. *Neurosci.* 23(27): 9240-9245.

79. Schlaug, G. (2001). "The brain of musicians. A model for functional and structural adaptation." Ann. N. Y. *Acad. Sci.* 930: 281-299.

80. Wan, C. Y., & Schlaug, G. (2010). "Music making as a tool for promoting brain plasticity across the life span". *Neuroscientist,* 16(5), 566-577. doi:10.1177/1073858410377805

81. Gaser, C., & Schlaug, G. (2003). "Brain structures differ between musicians and nonmusicians", *JNeurosci,* 23(27), 9240-9245.

82. Schulz, M., Ross, B., & Pantev, C. (2003). "Evidence for training-induced crossmodal reorganization of cortical functions in trumpet players". *Neuroreport,* 14(1), 157-161.

83. Kraus, N., & Chandrasekaran, B. (2010). "Music training for the development of auditory skills". *Nat Rev Neurosci,* 11(8), 599-605.

84. Bever T.& Chiarello, R. (2009) "Cerebral dominance in musicians and nonmusicians". *The Journal of Neuropsychiatry and Clinical Neurosciences.* Winter; 21 (1) :94-7.

85. Habibi, A.(2011). "Cortical activity during music perception; comparing musicians and non-musicians". Ph.D. Diss. University of California Irvine.

86. Skoe, E. and N. Kraus (2010). "Auditory brain stem response to complex sounds: a tutorial." *Ear Hear.* 31(3): 302-324.

87. Percaccio CR, Pruette AL, Mistry ST, Chen YH, Kilgard MP.(2007) "Sensory

experience determines enrichment-induced plasticity in rat auditory cortex". *Brain Res.* 2007 Oct 12;1174:76-91. doi: 10.1016/j.brainres.2007.07.062. Epub 2007 Aug 9. PMID: 17854780.

88. Kraus, N. and B. Chandrasekaran (2010). "Music training for the development of auditory skills." *Nature Reviews Neuroscience* 11(8): 599-605.

89. Keverne, E. B. (2004). Understanding well-being in the evolutionary context of brain development. *Proceedings of the Royal Society of London,* 359: 1349–1358.

90. Krizman, J., J. Slater, E. Skoe, V. Marian and N. Kraus (2015). "Neural processing of speech in children is influenced by extent of bilingual experience." *Neurosci. Lett.* 585: 48-53.

91. Vuust, P., E. Brattico, M. Seppänen, R. Näätänen and M. Tervaniemi (2012). "Practiced musical style shapes auditory skills." *Ann. N. Y. Acad. Sci.* 1252(1): 139-146.

92. "Neurotransmitter," in *The Columbia Encyclopedia,* New York: Columbia University Press, 2013, consultada December 17, 2014, http://literati.credoreference.com.

93. Anthony L. Vaccarino and Abba J. Kastin, "Endogenous Opiates: 2000," *Peptides 22* (2001): 2257.

94. Berger,M. Gray, J.A. and Roth, B. (2009). "The Expanded Biology of Serotonin," *Annual Review of Medicine* 60 : 356.

95. Nakajima, S. et al. (2013) "The Potential Role of Dopamine D3 Receptor Neurotransmission in Cognition," *European Neuropsychopharmacology* 23, no. 8 : 800-1.

96. Falk, D. (1983). "Cerebral cortices of east African early hominids". *Science,* 221: 1072–1074.

97. Saarikallio, S., and Erkkilä, J. (2007). "The role of music in adolescents' mood regulation". *Psychology of Music,* 35(1), 88-109.

98. Schäfer, T., Smukalla, M., and Oelker, S-A. (2014). "How music changes our lives: A qualitative study of the long-term effects of intense emotional experiences". *Psychology of Music,* 42(4), 525-544.

99. Trainor, L. J., Tsang, C. D., & Cheung, V. H. W. (2002). "Preference for Sensory Consonance in 2- and 4-month-old Infants". *Music Perception,* 20: 187-194.

100. Cummingham, J., Sterling, R. (1988). "Developmental Change in the Understanding of Affective Meaning in Music". *Motivation and Emotion,* 12: 399-413.

101. Izard, C. (1977). *Human emotions.* New York, NY: Plenum Press.

102. Ekman, P. (1999). "Basic emotions". In T. Dalgleish and M. Power (Eds.), *Handbook of cognition and emotion*. New York, NY: John Wiley and Sons Ltd.:45-60.

103. Barrett, L. (2006a). "Are emotions natural kinds?". *Perspectives on Psychological Science*, 1(1), 28-58.

104. Russell, J. (2003). "Core affect and the psychological construction of emotion". *Psychological Review*, 110(1), 145-172.

105. Scherer, K., Schorr, A., and Johnstone, T. (2001). *Appraisal processes in emotion: Theory, methods, research*. New York, NY: Oxford University Press.

106. Ekman, P., and Cortado, D. (2011). "What is meant by calling emotions basic?". *Emotion Review*, 3(4), 364-370.

107. Darwin, C. (1872). *The expression of emotions in man and animals*. London, UK: John Murray.

108. Izard, C. (2007). "Basic emotions, natural kinds, emotion schemas, and a new paradigm". *Perspectives on Psychological Science*, 2(3), 260-280.

109. Ekman, P., and Cortado, D. (2011). "What is meant by calling emotions basic?". *Emotion Review*, 3(4), 364-370.

110. Kreibig, S. (2010). "Autonomic nervous system activity in emotion: A review". *Biological Psychology*, 84(3), 394-421.

111. LeDoux, J. (2003). "The emotional brain, fear, and the amygdala". *Cellular and Molecular Neurobiology,* 23(4-5), 727-738.

112. Peretz, G., N I., Johnsen, E., and Adolphs, R. (2007). "Amygdala damage impairs emotion recognition from music". *Neuropsychologica,* 45(2), 236-244. Doi:10.1016/j.neuropsychologia.2006.07.012.

113. Bannister, S. Craig (2020). "A Framework of Distinct Musical Chills: Theoretical, Causal, and Conceptual Evidence", Durham theses, Durham University. Available at Durham E-Theses Online: http://etheses.dur.ac.uk/13582

114. Tomkins, S. (1984). "Affect theory". In K. Scherer and P. Ekman (Eds.), *Approaches to emotion*. Hillsdale, NJ: Erlbaum:163-195.

115. Scherer, K., and Coutinho, E. (2013). "How music creates emotion: A multifactorial process approach". In T. Cochrane, B. Fantini, and K. Scherer (Eds.), *The emotional power of music: Multidisciplinary perspectives on musical arousal, expression, and social control*. New York, NY: Oxford University Press:121-145.

116. Gross, J., and Barrett, L. F. (2011). "Emotion generation and emotion

regulation: One or two depends on your point of view". *Emotion Review*, 3(1), 8-16.

117. Darwin, C. (1902). *The Descent of Man and Selection in Relation to Sex, part II*. New York: P.F. Collier & Son.

118. Juslin, P., Vastfjall, D. 2008. "Emotional Responses to Music: The Need to Consider Underlying Mechanism". *Behavioral Brain Sciences*, 31: 559-621.

119. Zentner, M. Grandjean, D., K. Scherer. (2008). "Emotions Evoked by the Sound of Music: Characterization, Classification, and Measurement". *Emotion*, 8(4): 494-521.

120. IBID.

121. Papp, G., Kovac, S., Frese, A., & Evers, S. (2014). "The impact of temporal lobe epilepsy on musical ability". *Seizure*, 23, 533–536.

122. Sloboda, J. (1991). "Music Structure and Emotional Response: Some Empirical Findings". *Psychology of Music*, 19: 110-120.

123. Kringelbach, M. L., & Berridge, K. C. (Eds.). (2010). *The pleasures of the brain*. New York:Oxford University Press.

124. Kringelbach, M. L., & Berridge, K. C. (2010). "The Neuroscience of Happiness and Pleasure". *Social Research: An International Quarterly*, Volume 77, Number 2, Summer. 659-678.

125. Becker, S., Bräscher, A-K., Bannister, S., Bensafi, M., Calma-Birling, D., Chan, R., Wang, Y. (2019). "The role of hedonics in the human affectome". *Neuroscience and Biobehavioural Reviews*, 102, 221-241.

126. Liu, X., Hairston, J., Schrier, M., and Fan, J. (2011). "Common and distinct networks underlying reward valence and processing stages: A meta-analysis of functional neuroimaging studies". Neuroscience and Biobehavioural Reviews, 35(5), 1219-1236.

127. La anhedonia, proveniente del griego hedoné que significa placer, es la incapacidad para experimentar placer.

128. Mas-Herrero, E., Zatorre, R. J., Rodriguez-Fornells, A., & Marco-Pallarés, J. (2014). "Dissociation between Musical and Monetary Reward Responses in Specific Musical Anhedonia." *Current Biology*, 24, 1–6.

129. Csikszentmihalyi, M. (1990). *Flow: The Psychology of Optimal Experience; Steps Toward Enhancing the Quality of Life*. New York: HarperPerennial.

130. NIMH (2016). Mission. Obtenido en: https://www.nih.gov/about-nih/what-we-do/nihalmanac/national-institute-mental-health-nimh.

131. Ch. Wickramarathne, J. Chun Phuoc, J. Tham. (2020). "The impact of

wellness dimensions on the academic performance of undergraduates of Government universities in Sri Lanka". European Journal of Public Health Studies. Scientific Figure on ResearchGate. https://www.researchgate.net/figure/Six-dimensions-of-wellness-model-Source-Hettler-1977_fig1_342769817 [consultado 23 Aug, 2020]

132. Hettler, B. (1977). *Six Dimension Model*. Stevens Point, WI: National Wellness Institute.

133. Hutchison, B. (2016). "The Role of Music Among Healthy Older Performance Musicians". North Dakota State University. Doctoral Diss.

134. Chanda, M. L., & Levitin, D. J. (2013). "The neurochemistry of music". *Trends in Cognitive Sciences*, 17(4), 179-193.

135. Keeler Jason, Roth Edward, Neuser Brittany, Spitsbergen John, Waters Daniel, Vianney John-Mary. (2015)."The neurochemistry and social flow of singing: bonding and oxytocin". *Frontiers in Human Neuroscience*, V. 9 , 518.Online:https://www.frontiersin.org/article/10.3389/fnhum.2015.00518

136. Lori A. Custodero. (2012). "The Call to Create: Flow Experience in Music Learning and Teaching", David Hargreaves, Dorothy Miell and Raymond MacDonald (eds.), *Musical Imaginations: Multidisciplinary Perspectives on Creativity, Performance and Perception*. Oxford: Oxford University Press, 369-84.

137. Os cinco direitos musicais incluem o direito de todas as crianças e adultos de se expressarem livremente por meio da música, o direito de aprender linguagens e habilidades musicais, o direito de interagir com a música por meio da participação direta, apreciação, criação e acesso à informação. O direito de todo músico de desenvolver sua carreira. Artístico e difundi-lo através de todos os meios e estruturas de comunicação disponíveis e o direito de obter reconhecimento e compensação justa pelo seu trabalho. https://www.imc-cim.org/about-imc-separator/five-music-rights.html

138. Three initiates, (2009). *The Kybalion: A Study of the Hermetic Philosophy of Ancient Egypt*. Mineola,New York: Dover Publications Inc.

139. Conrad-Da'oud, E. (2012). *Life on land: The Story of Continuum, the World-Renowned Self-Discovery and Movement Method*. North Atlantic Books, Berkeley.

140. E. Rabinovitch, Ch. Schroeder, D. Poeppel and E. Zion Golumbic (2017). "Neural Entrainment to the Beat: The "Missing-Pulse" Phenomenon" en *Journal of Neuroscience*, 28 June, 2017, 37 (26) 6331-6341.

142. Arcangeli A. (2000). "Dance and Health: The Renaissance Physicians". Dance Research: *The Journal of the Society for Dance Research,* Vol. 18, No. 1. Published by: Edinburgh University Press. Edimburgh. 3-30.

143. Paul Krack, "Relicts of Dancing Mania: The Dancing Procession of Echternach," *Neurology 53*, no. 9 (1999): 2169-72.

144. Bicais, M. (1669). "La manire de regler la sante par ce qui nous environne, par ce que nous recevons, et par les exercices, ou par la gymnastique moderne" (Charles David, 1669), pp. 280-8.

145. Shaffer, J. (2012). "Neuroplasticity and positive psychology in clinical practice: A review for combined benefits psychology." *Psych*, 3 (12A), 1110-1115.

146. Eriksson, P. S., Perfilieva, E., Björk-Eriksson, T., Alborn, A. M., Nordborg, C., Peterson, D. A., and Gage, F. H. (1998). "Neurogenesis in the adult human hippocampus". *Nature medicine*, 4 (11), 1313-1317.

147. Kempermann, G., Gast, D., and Gage, F. H. (2002). "Neuroplasticity in old age: Sustained fivefold induction of hippocampal neurogenesis by long term environmental enrichment". *Annals of Neurology*, 52(2), 135-143.

148. Lynn-Seraphine, P. (2016). "Neurodrumming: Towards an integral mental fitness training for healthy aging". Diss. Master Psychology, California State University, Irvine.

149. Geiser, E. Zähle, T., Jacke, L. & Meyer, M. (2008). "The neural correlate of speech rhythm as evidenced by metrical speech processing." *Journal of Cognitive Neuroscience*, 20(3), 541-552.

150. Dale, J.A., Hyatt, J., Hollerman, J. (2007). "The Neuroscience of Dance and the Dance of Neuroscience: Defining a Path of Inquiry". *The Journal of Aesthetic Education*, Volume 41, Number 3, Fall 2007. 89-110.

151. Stobart, H. & Cross, I. (2000). "The Andean anacrusis? Rhythmic structure and perception in Easter songs of northern Potosi, Bolivia." *British Journal of Ethnomusicology*, 9(2), 63-94.

152. Kalender, B. Trehub, S.E., & Schellenberg, E.G. (2012). "Cross-cultural differences in meter perception". *Psychological Research*, 77(2), 196-203.

153. Hannon, E.E., & Trehub, S.E. (2005b). "Tuning in to musical rhythms: infants learn more readily than adults." *Proceedings of the National Academy of Sciences of the United States of America*, 102 (35), 12639-12643.

154. Witek MAG, Clarke EF, Wallentin M, Kringelbach ML, Vuust P (2014) "Syncopation, Body-Movement and Pleasure" in *Groove Music*. PLoS ONE 9(4): e94446.

155. Davies, J., & McVicar, A. (2000). "Issues in effective pain control". 1: Assessment and education. *International Journal of Palliative Nursing*, 6(2), 58-65.

156. Allen, J. (2013a). "Pain management with adults". In J. Allen (Ed.), *Guidelines for music therapy practice in adult medical care* (pp. 35-61). University Park, IL: Barcelona Publishers.

157. Dileo, C. (1999). *Music therapy and medicine: Theoretical and clinical applications.* Silver Spring, MD: American Music Therapy Association.

158. Bradt, J., Dileo, C., & Potvin, N. (2013). "Music for stress and anxiety reduction in coronary heart disease patients." *The Cochrane Database of Systematic Reviews,* 12, CD006577

159. Gatchel, R. J., Peng, Y. B., Peters, M. L., Fuchs, P. N., & Turk, D. C. (2007). "The biopsychosocial approach to chronic pain: Scientific advances and future directions". *Psychological Bulletin,* 133(4), 581-624.

160. Melzack, R. (2010). Pain theories. In I. B. Weiner, & W. E. Craighead (Eds.), The corsini encyclopedia of psychology (4th ed.,). Hoboken, NJ: John Wiley & Sons, Inc.

161. Melzack, R. (1999). "From the gate to the neuromatrix". *Pain,* Suppl 6, S121-S126.

162. Bardia, A., Barton, D. L., Prokop, L. J., Bauer, B. A., & Moynihan, T. J. (2006). "Efficacy of complementary and alternative medicine therapies in relieving cancer pain: A systematic review". *Journal of Clinical Oncology,* 24 (34), 5457-5464.

163. Gallagher, L. M., Lagman, R., Walsh, D., Davis, M. P., & LeGrand, S. B. (2006). "The clinical effects of music therapy in palliative medicine". *Supportive Care in Cancer,* 14, 859- 866.

164. Hilliard, R. (2003). "The effects of music therapy on the quality and length of life of people diagnosed with terminal cancer." *Journal of Music Therapy,* 40, 113-137.

165. Ferrer, A. J. (2007). "The effect of live music on decreasing anxiety in patients undergoing chemotherapy treatment". *Journal of Music Therapy,* 44, 242-255.

166. Clark, M., Isaacks-Downton, G., Wells, N., Redlin-Frazier, S., Eck, C., Hepworth, J. T., & Chakravarthy, B. (2006). "Use of preferred music to reduce emotional distress and symptom activity during radiation therapy." *Journal of Music Therapy,* 43, 247-265.

167. Sahler, O. J. Z., Hunter, B. C., Liesveld, J. L. (2003). "The effect of using music therapy with relaxation imagery in the management of patients undergoing bone marrow transplantation: A pilot feasibility study." *Alternative Therapies in Health and Medicine,* 9(6), 70-74.

168. Edward, J (1998). "Music Therapy for children with severe burn injury." *Music Therapy Perspectives,* 16: 21-26.

169. Zimmerman, I., Nieveen, J., Barnason, S. & Schamaderer, M. (1996)."The effects of music intervention is postoperative pain and sleep in coronary artery bypass graft (CRGB) patients". *Scholarly Inquiry for Nursing*

Practice: An International Journal, 10. 153-170.

170. Galpin, W. (1937) *The Music of the Sumerians: And their Immediate Successors, the Babylonians and Assyrians.* Cambridge University Press.

171. Meyer-Baer, K. (2015). *Music of the Spheres and the Dance of Death.* Princeton University Press. 224-241.

172. Qi Kun (2014). "Sonic expressions of cosmological awareness: a comparative study of funeral rituals among Han Chinese living in the Yangzi River Valley". Yearbook for Traditional Music Vol. 46. Cambridge University Press :159-169.

173. Coclanis, A., Coclanis P. (2005). "Jazz Funeral: A Living Tradition". *Southern Cultures*, Volume 11, Number 2. The University of North Carolina Press. 86-92.

174. Austin, D. (2009). *The Theory and Practice of Vocal Psychotherapy: Songs of the self.* London: Jessica Kingsley Publishers.

175. https://chaliceofrepose.org/

176. Cooper, L. "Your Healing Voice - The benefits of singing for health and wellbeing" en https://www.britishacademyofsoundtherapy.com/wp-content/uploads/2020/07/Your-Healing-Voice-Article-sing-for-health-research-3.pdf

177. The Oxford Happiness Questionnaire http://www.blake-group.com/sites/default/files/ assessments/Oxford_Happiness_Questionnaire.pdf

178. Bart de Boer (2017). "Evolution of speech and evolution of language". Published online: 3 August 2016, Psychonomic Society, Inc. 2016 Psychon Bull Rev (2017) 24:158–162

179. Darwin, C. (1872/1998). The Expression of the Emotions in Man and Animals. Oxford: Oxford University Press.

180. Kelley, D. B. (2004). "Vocal communication in frogs". Current Opinion in *Neurobiology*, 14: 751–757.

181. Insel, T. R. (2010). "The challenge of translation in social neuroscience: A review of oxytocin, vasopressin, and affiliative behavior". *Neuron*, 65: 768–779.

182. Kanwal, J. S., and Ehret, G. (2006). *Behavior and Neurodynamics for Auditory Communication.* Cambridge: Cambridge University Press.

183. Sterne, J. (2003). *The Audible Past: Cultural Origins of Sound Reproduction.* Durham: Duke University Press.15.

184. IBID, 54.

185. Auenbrugger, L. (1936). "On the Percussion of the Chest" Translated by John Forbes. *Bulletin of the History of Medicine* 4. Cit. Sterne, J. (2003).

186. Laennec, R.T.H.A. (1830) *Treatise on the Diseases of the Chest and on Mediate Auscultation.* 3 ed. Translated by John Forbes. New York: Samuel Wood; Collins and Hannay. Cit. Sterne, J. (2003).

187. Arozqueta, C. (2018). "Heartbeats and the Arts: A Historical Connection". *Leonardo* 51 (1): 33–39.

188. http://musicwithmachines.org/hco/

189. Sweeley, C.C., Holland, J.F, Towson, D.S., Chamberlin, B.A. (1987) "Interactive and Multi-Sensory Analysis of Complex Mixtures by an Automated Gas Chromatography System," Journal of Chromatography 399: 173–181.

190. Ohno, S. y Ohno, M. (1986) "The All Pervasive Principle of Repetitious Recurrence Governs Not Only Coding Sequence Construction but Also Human Endeavor in Musical Composition," *Immunogenetics* 24: 71–78.

191. Ohno, S. (1993) "A Song in Praise of Peptide Palindromes," *Leukemia* 7 Supp. 2 S157–S159.

192. Morey, L.W. (1989) "Musings on Biomuse," Science News 135: 307.

193. Han, Y.C., & Han, B. (2014). Skin Pattern Sonification as a New Timbral Expression. Leonardo Music Journal 24(1), 41-43. https://www.muse.jhu.edu/article/561861.

194. IBID.

195. Pelling AE, Sehati S, Gralla EB, Valentine JS, Gimzewski JK. (2004). "Local nanomechanical motion of the cell wall of Saccharomyces cerevisiae", Science. 2004 Aug 20;305(5687):1147-50.

196. Gadamer, Hans-Georg. (1989). *Truth and Method.* 2nd ed. Translated by W. Glen-Doepel, translation revised by Joel Weinsheimer and Donald G. Marshall. London: Continuum. First published 1960 as Wahrheit und Methode: Grundzüge einer philosophischen Hermeneutik (Tübingen: Mohr). 2nd ed. of translation first published 1989 (London: Sheed and Ward): 355.

197. Dacey, J. (1999). *Concepts of creativity: A history.* In M. A. Runco & S.R. Pritzer (Eds), Encyclopedia of creativity, Vol.1 A–H. San Diego, CA: Academic Press.

198. Albert, R. S., & Runco, M. A. (1999). "The history of creativity research". In R. S. Sternberg (Ed.), *Handbook of human creativity.* New York, NY: Cambridge University Press: 16–31.

199. Vartanian, O., et al. *Neuroscience of Creativity.* The MIT Press, 2013. Project

MUSE. muse.jhu.edu/book/46971.

200. Roe BE, Tilley MR, Gu HH, Beversdorf DQ, Sadee W, Haab TC, et al. (2009) "Financial and Psychological Risk Attitudes Associated with Two Single Nucleotide Polymorphisms in the Nicotine Receptor (CHRNA4) Gene". PLoS ONE 4(8): e6704. https://doi.org/10.1371/journal.pone.0006704.

201. Zuckerman , M. (1994). *Behavioral expressions and bio-social expressions of sensation seeking*. Cambridge : Cambridge University Press.

202. Miller, G. F. (2001). "Aesthetic Fitness: How Sexual Selection Shaped Artistic Virtuosity as a Fitness Indicator and Aesthetic Preferences as Mate Choice Criteria". *Bulletin of Psychology and the Arts*, 2, 20-25.

203. Hinde, R. A. & Fisher, J. (1951). Further observations on the opening of milk bottles by birds. *British Birds*,44, 393-396.

204. Wallas, G. (1926). *Art of thought*. New York, NY: Harcourt Brace.

205. http://www.furious.com/perfect/stockhauseninterview.html

206. Lapidaki, E. (2007). "Learning from Masters of Music Creativity: Shaping Compositional Experiences in Music Education." *Philosophy of Music Education Review*, 15(2): 93-117. Revisado May 20, 2021 en http://www.jstor.org/stable/40327276.

207. P.A. Schilpp, ed., (1959). *Albert Einstein: Philosopher-Scientist*. New York: Harpers,Vol. : 2:45.

208. http://www.personal.psu.edu/faculty/m/e/meb26/INART55/varese.html

209. Eidsheim N. S. (2015). *Sensing sound. singing & listening as vibrational practice*. Durham, London: Duke University Press: 16.

210. Huang J., Gamble D., Sarnlertsophon K., Wang X., Hsiao S. (2012). *Feeling music: integration of auditory and tactile inputs in musical meter perception*. PLoS One 7:e48496.

211. Root-Bernstein, R.S. (2001). "Music, Creativity and Scientific Thinking". *Leonardo* 34(1), 63-68. https://www.muse.jhu.edu/article/19631.

212. IBID.

213. Os Cinco, eram um grupo de compositores nacionalistas rusos integrado por Mili Balákirev (el líder), César Cuí, Modest Músorgski, Nikolái Rimski-Kórsakov y Aleksandr Borodín.

214. Root-Bernstein, R.S. (2001). "Music, Creativity and Scientific Thinking." *Leonardo* 34(1): 63-68. https://www.muse.jhu.edu/article/19631.

215. Milgram, R., Dunn, R. y Price, G.E. eds., "Teaching and Counseling

Gifted and Talented Adolescents: An International Learning Style Perspective". New York: Praeger.

SOBRE A AUTORA

A soprano, musicóloga e médica Patricia Caicedo é uma importante intérprete e pesquisadora especialista no estudo e interpretação do repertório da canção artística ibérica e latino-americana. Gravou onze CDs e publicou dez livros de referência em sua área.

É uma intérprete ávida, tendo se apresentado em importantes salas de concerto da Europa e das Américas, além de fundar e dirigir o Barcelona Festival of Song, curso de verão e série de concertos voltados para o estudo da história e interpretação da canção de concerto em espanhol, catalão e português.

É fundadora da Mundo Arts, editora musical, gravadora e loja online, e administra o podcast Latin American and Iberian Art Song, no qual entrevista grandes compositores e especialistas de todo o mundo.

Por sua valiosa contribuição para a música, foi incluída em 2008 na prestigiosa publicação Who's Who in America, e em 2010 em Who's Who in American Women e Who's Who in World.

Patricia tem um Ph.D. Doutor em musicologia pela Universidade Complutense de Madrid e é doutora em medicina pela Escola Colombiana de Medicina. Desde 2020 é membro do diretor do Conselho Internacional de Música, uma organização criada pela UNESCO.

PATRICIACAICEDO.COM

Acompanhe Patricia Caicedo nas redes sociais, comunique-se, ouça-a cantar, ouça seu podcast, convide-a para palestrar em sua instituição, tire suas dúvidas ou simplesmente compartilhe com ela suas ideias sobre o livro.

 @patriciacaicedobcn
Instagram

 https://spoti.fi/2XQwHHS
Spotify

 @PatriciaCaicedo
Twitter

 youtube.com/singerpat

 /FansPatriciaCaicedo
Facebook

 /in/patriciacaicedo
Linkedin